Este livro destina-se a apoiar o leitor como uma ferramenta de referência. Embora todos os esforços tenham sido feitos para garantir a precisão do seu conteúdo, não se destina a ser um substituto de um aconselhamento médico ou de um tratamento ou mesmo do exercício de julgamento profissional numa qualquer situação. Destina-se apenas a fins informativos gerais. Reflete o melhor julgamento dos editores e colaboradores na data desta publicação e está sujeito a alterações. O conteúdo deste livro não deve ser interpretado como a única base para as decisões médicas ou decisões do próprio leitor.

EM NENHUMA CIRCUNSTÂNCIA PODERÁ A ISOQOL, AS SUAS AFILIADAS OU QUALQUER DOS SEUS DIRETORES, MEMBROS, FUNCIONÁRIOS OU AGENTES, OU QUALQUER EDITOR OU COLABORADOR DESTA OBRA SEREM RESPONSABILIZADOS POR QUALQUER LEITOR OU OUTRA ENTIDADE POR QUALQUER CONSEQUÊNCIA DIRETA, COMPENSATÓRIA, INDIRETA, OCASIONAL, (INCLUINDO LUCROS CESSANTES OU PERDA DE OPORTUNIDADE DE NEGÓCIOS), ESPECIAL, DANOS EXEMPLARES OU PUNITIVOS QUE RESULTEM OU SE RELACIONEM DE QUALQUER FORMA COM A (1) UTILIZAÇÃO DESTES MATERIAIS OU CONFIANÇA NO SEU CONTEÚDO OU (2) ERROS, IMPRECISÕES, OMISSÕES, DEFEITOS, INOPORTUNIDADE, VIOLAÇÃO DE SEGURANÇA OU QUALQUER OUTRA FALHA ATRIBUÍVEIS À ISOQOL, SUAS AFILIADAS OU QUALQUER EDITOR OU COLABORADOR.

Copyright © 2017 International Society for Quality of Life Research (ISOQOL)

ISBN 978-0-9964231-2-0

Envie comentários para Colleen Pedersen, diretor executivo, ISOQOL, em info@isoqol.org em info@isoqol.org

i

ISOQOL

Outubro de 2017

Editora da versão original
Nancy Mayo, BSc(PT), MSc, PhD
James McGill Professor
Departamento de Medicina
Faculdade de Fisioterapia e Terapia Ocupacional
da Universidade McGill
Divisão de Epidemiologia Clínica
Divisão de Geriatria
Centro de Saúde da Universidade McGill

Editor da adaptação para português
Pedro L. Ferreira, PhD
Faculdade de Economia da
Universidade de Coimbra
Centro de Estudos e Investigação em
Saúde da
Universidade de Coimbra

Equipe da versão original
(ordem alfabética)
Sara Ahmed
David Andrich
Ruth Barclay
Skye Barbic
Susan Bartlett
David Bronstein
Cheryl Coon
Nandini Dendukuri
Diane Fairclough
Cindy Gross
Cicely Kerr
Ayse Kuspinar
Carolina Moriello
Donald Patrick
Simon Pickard
Jacky Reid
Lena Ring
Ana Maria Rodriguez
Alicia Rosenzveig
Jennifer C Samp
Rick Sawatzky
Susan Scott
Lesley Wiseman
Jiameng Xu

Equipe da versão em português
(ordem alfabética)
Alexandre Rodrigues
Bárbara Antunes
Carlota Quintal
Francisco Maia Pimentel
Ilda Massano Cardoso
Lara Noronha Ferreira
Leonor Marinho Dias
Lizete Malagoni
Luís Manuel Cavalheiro
Luís Nobre Pereira
Marcelo Pio de Almeida Fleck
Maria Alves Barbosa
Óscar Lourenço
Patrícia Antunes
Rui Soles Gonçalves
Teresa Carla Oliveira
Virginia Visconde Brasil
Vítor Raposo

PREFÁCIO DA EDIÇÃO ORIGINAL

A ideia de criar um dicionário de termos utilizados no nosso campo surgiu na reunião da ISOQOL no Uruguai, em 2008. O estímulo veio de um encontro com um aluno desanimado que só então se tinha apercebido que, embora os membros experientes da nossa sociedade fizessem a distinção entre qualidade de vida e qualidade de vida relacionada com a saúde, saúde e estado de saúde, resultado/desfecho diretamente relatado por um paciente e resultado/desfecho diretamente medido, os mais novos e investigadores de outras áreas não conseguiam fazê-lo. Lembrei-me dos meus tempos de estudante de epidemiologia, outro campo repleto de termos não muito usados por "outsiders", tendo nós o Dicionário de Epidemiologia de Last como um recurso inestimável. Por que é que não existe um recurso para pessoas que trabalham no campo da qualidade de vida e resultados/desfechos em saúde? Esta ideia foi recebida com entusiasmo pela Direção da ISOQOL em 2009 e um convite inicial a colaboradores levou-nos à criação de um grupo nuclear do Dicionário; outros de imediato se juntaram ou foram recrutados.

Com o nosso entusiasmo inicial, desenvolvemos um mapa conceitual para esboçar as áreas onde haveria necessidade de uma terminologia consistente e correta. Adicionámos termos aos conceitos e tivemos, entretanto, outras ideias. No entanto, a realidade de empreender um projeto deste tipo, sem quaisquer recursos dedicados, logo fez com que os nossos progressos não superassem a velocidade de um caracol. Contudo, todas as boas ideias, muitas vezes, apenas precisam de tempo e de um pouco de sorte. Em 2010, surgiu a oportunidade de concorrer a uma pequena bolsa da Rede de Saúde Pública do governo provincial do Quebec, orientada para trabalhos académicos. Com cinco mil dólares e um verdadeiro "perdigueiro" de definições (C Moriello), o projeto do dicionário assumiu nova vida.

Outro encontro casual que também nos ajudou consideravelmente foi quando descobri, em junho de 2011, a *Dictionary Society of North America*, com mais de 400 membros em todo o mundo, uma enorme quantidade de conhecimento e uma t-shirt. Apercebi-me então que o nosso grupo estava a escrever um "vocabulário para um público vertical", embora venha a ser comercializado como um "Dicionário". Não vai ser apenas um Dicionário qualquer e, certamente, não o Dicionário do Diabo.

> Dicionário, s., *um dispositivo literário malévolo para impedir o crescimento da língua e para a tornar rígida e pouco flexível. Este dicionário, no entanto, é uma obra muito útil.*
>
> Ambrose Bierce, Dicionário do Diabo. Lisboa: Edições Tinta da China, 2006.

Ao longo do caminho descobri um "guia de boas práticas" sobre definições [174]. Curiosamente, este é um campo onde o "plágio" é aceitável – ou seja, se o termo já tem uma definição, então não há que reinventar a roda. Isto porque as definições são essencialmente informação, e informação não pode ter dono. No entanto, se um "lexicógrafo" não conseguir melhorar a definição, deve abrir mão de seu trabalho. Então, como "lexicógrafa" estreante, tentei tornar as definições adequadas à perspetiva da medição de resultados/desfechos em saúde e com sentido para os leitores. Por outras palavras, tentei ajudar o leitor a visualizar como cada termo é usado ou aplicado. Daí, a prerrogativa do Editor ter sido usada para dar exemplos concretos. Como se trata de um "vocabulário", as definições refletem o uso na qualidade de vida e na medição de resultados/desfechos em saúde, e não todos e quaisquer usos. Como o público é "vertical", a definição tem de fazer sentido para o leitor iniciado, assim como para o leitor especialista.

O dicionário teria sido concluído mais cedo se cada conferência ISOQOL não tivesse fornecido novos termos para definir, o que quer dizer que, mesmo que uma versão tenha sido produzida, este dicionário tem de ser um documento vivo com novos termos adicionados à medida que o nosso " léxico" se expande e a nossa experiência de pesquisa e qualidade de vida cresce.

Estou muito grata aos membros da ISOQOL que forneceram sugestões úteis para melhorar o dicionário. Nomeadamente, aprendi que qualidade de vida não é apenas um conceito que se aplica aos seres humanos, e foi com gosto que adicionei definições de qualidade de vida relacionadas com animais.

Muito obrigada a toda a equipe listada nas primeiras páginas deste Dicionário, que ajudou a lançar a ideia e enviou definições. Um agradecimento especial para Carolina Moriello que fez toda a produção, além de ajudar a editar muitas definições; isto não teria acontecido sem a sua ajuda, apoio e crença no processo e no resultado. Brenda Lee e Isabel O'Connor foram muito úteis ao digitarem muitas definições e ao fazerem a revisão das provas. Colleen Pedersen, da equipa de gestão da ISOQOL, defendeu o produto final e viu-o sair da minha secretária e ser publicado. Também gostaria de agradecer aos membros da Direção da ISOQOL, que tiveram a paciência de seguir o projeto até o fim e de apoiar o produto final. Finalmente, mas não menos importante, agradeço aos membros da ISOQOL que usaram o seu o tempo para fazer revisões e acrescentos úteis para o produto final.

Foi uma experiência incrível para mim e eu aprendi imenso sobre terminologia, sobre como expressar ideias complexas de uma forma simples, e sobre a amplitude e profundidade de nosso campo. Eu não teria perdido esta oportunidade por nada.

Nancy E. Mayo, BSc(PT), MSc, PhD (nancy.mayo@mcgill.ca)

PREFÁCIO DA VERSÃO PORTUGUESA

A língua portuguesa é a quinta língua mais falada do mundo. Mais de 280 milhões de falantes colocam-na na terceira língua mais falada no hemisfério ocidental e a mais falada no hemisfério sul da Terra. É língua oficial do Brasil, Cabo Verde, Guiné-Bissau, Moçambique, Portugal e São Tomé e Príncipe, para além de Timor-Leste e Macau. No entanto, a forma como a língua portuguesa é falada e escrita em todos estes locais dos cinco continentes tem variações que recentes medidas de harmonização linguística ainda não resolveram completamente.

Relativamente à versão original deste Dicionário, tive o enorme prazer de acompanhar a Nancy Mayo nas últimas fases do seu trabalho e tive na altura oportunidade de a felicitar pela iniciativa que considero de extrema relevância e utilidade para todos aqueles (estudantes, investigadores ou prestadores de cuidados) que estão ou querem entrar neste mundo da qualidade de vida em saúde, com especificidades muito grandes e com conceitos nem sempre definidos e operacionalizados do mesmo modo do que acontece fora deste espaço.

Consequentemente, enquanto *chair* do Grupo Ibero-americano da ISOQOL propus aos meus colegas que iniciássemos a produção de uma versão portuguesa do Dicionário. Desde logo concordámos que esta versão não seria necessariamente uma simples tradução de inglês para português, mas poderia, aliás de acordo com a Nancy, conter algumas alterações que se justificassem pelas diferenças culturais entre falantes da língua inglesa e falantes da língua portuguesa.

Este projeto foi prontamente aceite pela Colleen Pedersen e posteriormente pela Direção da ISOQOL a quem muito agradeço.

Para a realizar a versão portuguesa deste Dicionário foram percorridas quatro fases principais. Na primeira fase dividimos os vários itens em grupos temáticos coerentes e convidámos colegas especialistas nessas áreas para fazerem uma primeira versão em português dos itens do seu grupo temático. Após todos terem executado esta tarefa, solicitámos a um tradutor especialista que fizesse uma primeira revisão de todo o documento. Esta revisão incluiu não só a componente linguística, como também um primeiro acerto para garantir maior coerência entre a terminologia utilizada nos vários itens do Dicionário, bem como para harmonizar a forma como as várias frases tinham sido escritas.

Quando finalizada a versão em português europeu, iniciámos uma terceira fase em que solicitámos a alguns colegas brasileiros que fizessem a revisão de todo o documento e incluíssem modificações que considerassem necessárias para que o Dicionário fosse facilmente aceite também pelos brasileiros. Encontrámos palavras com grafias diferentes em ambas as versões do português, assim como palavras com sonoridades ou pronúncias diferentes nos dois países, ou mesmo palavras completamente diferentes. Mesmo correndo o risco de prejudicar um pouco a fluidez da leitura do texto, tentámos, dentro do que nos foi possível, respeitar ambas as formas de falar e escrever o português.

Por fim, a versão portuguesa do Dicionário passou por uma quarta fase em que procedemos a uma revisão completa de todo o documento. Nesta revisão analisámos, de novo, todo o texto, e reorganizámos – de acordo com a autora da versão original – a lista das referências bibliográficas para uma lista alfabética, para um mais fácil acesso. Foram ainda incluídas duas listas de conversões entre termos das duas línguas, uma de inglês para português e outra de português para inglês.

A concluir, foi com enorme satisfação que vimos terminada esta versão do Dicionário. Esperamos que constitua um bom contributo para uma maior, melhor e mais rigorosa utilização dos indicadores de qualidade de vida, quer em estudos em que estes indicadores sejam variáveis principais de interesse, quer na sua utilização sistemática, de modo a permitir tomadas de decisão mais de acordo com os direitos, interesses, preferências, valores, necessidades e legítimas expetativas dos seus principais destinatários, os cidadãos.

Pedro L Ferreira, PhD (pedrof@fe.uc.pt)

A

ADESÃO À TERAPIA

Medida em que o comportamento da pessoa – tomar a medicação, seguir a dieta instituída e/ou fazer mudanças no estilo de vida – corresponde às recomendações acordadas com o profissional de saúde. [358] No passado, os termos conformidade ou concordância e adesão eram usados de forma indiferenciada para referir o comportamento dos pacientes. Atualmente, o termo conformidade é usado no contexto dos comportamentos de profissionais de saúde ou investigadores relativamente às orientações de boas práticas (guidelines) ou aos protocolos.

ADVOCACIA

Agir no sentido de ajudar as pessoas a dizerem o que querem, protegendo os seus direitos, representando os seus interesses, e obtendo os serviços de que têm necessidade. Mais eficaz quando é realizada por uma pessoa que é independente dos serviços que estão a ser prestados.

AFETO

Um sentimento, estado de espírito, emoção ou desejo, que influencia especialmente o comportamento ou pensamentos; uma parte fundamental do processo de interação de um organismo com estímulos e um dos ABCs da psicologia: afeto, comportamento, cognição. [249, 322]

AGRUPAMENTO EM BLOCOS

No contexto da aleatorização, blocos de indivíduos (por ex., 2, 4, 6, 8, ...) são aleatorizados. Este processo evita uma alocação desnivelada de indivíduos aos grupos e permite controlar tendências seculares. [294]

AJUDAS À DECISÃO

Intervenções desenhadas para ajudar as pessoas a fazerem escolhas específicas e deliberadas entre opções, providenciando (no mínimo) informação sobre opções e resultados/desfechos relevantes para o estado de saúde da pessoa. Estratégias adicionais podem incluir informação sobre a doença ou condição de saúde, probabilidades dos resultados/desfechos tendo em consideração os fatores de risco de saúde da pessoa e valores concretos - exercício de esclarecimento, informação sobre a opinião dos outros, bem como orientação ou preparação nos passos para a tomada de decisão e comunicação com outros. As ajudas à decisão podem ser aplicadas com recurso a vários meios, como por exemplo quadros de decisão, vídeos interativos, computadores pessoais, gravações/fitas áudio, audiolivros de exercícios, panfletos e apresentações em grupo.

É excluído da definição de ajudas à decisão o seguinte: materiais passivos de consentimento informado, intervenções pedagógicas não concebidas para uma decisão específica ou intervenções desenhadas para promover o cumprimento de uma opção recomendada, ao invés de uma escolha baseada em valores pessoais. [244] As ajudas à decisão são necessárias quando as decisões médicas são complexas devido aos resultados/desfechos incertos ou quando as opções têm diferentes perfis de risco-benefício que os pacientes valorizam de forma diferente As linhas orientadoras da prática para essas decisões difíceis recomendam que os pacientes (i) compreendam os resultados/desfechos prováveis das opções; (ii) considerem o valor pessoal que atribuem aos benefícios *versus* riscos; e (iii) colaborem com os profissionais na decisão sobre o tratamento. As ajudas à decisão podem ser utilizadas como ferramentas para uma tomada de decisão partilhada e como complemento ao aconselhamento dos profissionais. [245]

ALEATORIZAÇÃO

Ou randomização, é o procedimento que distribui ao acaso os indivíduos em grupos. Garante que a probabilidade de ser alocado a um determinado grupo é conhecida e é a mesma para todos os indivíduos. O procedimento assegura que as diferenças entre o grupo de intervenção e o de controle são aleatórias. Em grandes amostras, os grupos são semelhantes no início, se o estudo incluir variáveis conhecidas e desconhecidas. Nenhum outro procedimento metodológico faz isto. Estatisticamente, a aleatorização tem em conta a incerteza devida a diferenças não medidas e também assegura que as preferências do investigador não influenciam a alocação a cada grupo. A aleatorização segue um plano pré-determinado, geralmente desenvolvido com recurso a um programa de computador. [201, 259]

ALFA DE CRONBACH

Também conhecido como coeficiente alfa, é uma medida da consistência interna de um conjunto de itens. A consistência interna é uma forma de fiabilidade/confiabilidade e, tal como outras medidas de fiabilidade/confiabilidade da teoria clássica dos testes, o alfa de Cronbach pode ser definido como uma estimativa da razão entre a variância verdadeira (variância devida ao constructo subjacente) e a variância total (variância verdadeira mais o erro). Quando os itens apresentam forte correlação entre si, considera-se que o conjunto de itens reflete fortemente o constructo subjacente pretendido. A fórmula comum para o alfa de Cronbach é baseada na média da correlação inter-itens (ra) e k, o número de itens da escala: Alfa=k×ra/[1+(k-1)×ra]. A fórmula 20 de Kuder-Richardson (KR-20), que mede a consistência interna para escalas com itens de pontuação dicotómica/escore dicotômico é computacionalmente equivalente ao alfa de Cronbach. Os valores devem ser superiores a 0,7 e inferiores a 0,9. [70, 241]

AMABILIDADE

Um dos "cinco grandes" traços de personalidade, refletindo predisposição para ser simpático, agradável e harmonioso nas relações interpessoais. Indivíduos com elevada amabilidade são frequentemente descritos como sendo gentis, atenciosos e acolhedores, e evidenciam maior capacidade de resposta e regulação das emoções negativas nas suas interações com outros. [134] Ver também MODELO DE CINCO FATORES DE PERSONALIDADE

AMBIENTE FÍSICO

Consiste no ambiente natural (plantas, atmosfera, clima e topografia) e no ambiente construído (edifícios, espaços, sistemas de transporte e produtos criados ou modificados por pessoas). Os ambientes físicos podem ser cenários individuais ou institucionais específicos tais como casas, locais de trabalho, escolas, locais de prestação de serviços de saúde ou espaços de lazer. A vizinhança e as áreas comunitárias onde as pessoas vivem, trabalham, viajam, brincam e desenvolvem outras atividades diárias são elementos do ambiente físico. [75]

AMBIENTE SOCIAL

O conjunto das instituições sociais e culturais, normas, padrões, crenças e processos que influenciam a vida de um indivíduo ou da comunidade. Inclui interações com a família, amigos, colegas e outras pessoas na comunidade, bem como atitudes culturais, normas e expectativas. Abrange as relações sociais e políticas em ambientes como escolas, vizinhanças, locais de trabalho, empresas, locais de culto, instituições de saúde, locais de diversão, e outros locais públicos. Compreende os aspectos sociais dos comportamentos relacionados com a saúde (por ex., consumo de tabaco, consumo de drogas, atividade física) na comunidade. Também engloba as instituições sociais como a aplicação da lei (por ex., a presença ou ausência de policiamento comunitário) e organizações governamentais e não governamentais. [75]

AMOSTRAGEM POR BOLA DE NEVE

Método de amostragem não aleatória, orientada para o respondente, que consiste em solicitar a cada indivíduo que indique nomes de outros elementos, membros da população alvo, que também possam ser incluídos na amostra. Este método é adequado para formar amostras de populações "escondidas" ou difíceis de encontrar, como a população de indivíduos com uma determinada deficiência ou característica física rara. Para além disso, este método é útil para formar amostras de populações difíceis de abordar, como a população de consumidores de drogas ilícitas. Por vezes é também adequado para formar amostras de populações específicas, como o grupo dos profissionais de saúde. Um método estreitamente relacionado com este é o de amostragem em rede, em que cada respondente é convidado a identificar outros indivíduos, dentro da sua rede social, que possam ou não partilhar características semelhantes. Estes métodos de amostragem não aleatória permitem fazer a recolha/coleta de dados de forma rápida, mas não podem ser utilizados para estimar parâmetros populacionais, uma vez que dificilmente a amostra será representativa da população e o potencial de viés é muito grande. [176]

AMOSTRAGEM POR JULGAMENTO

Método de amostragem não aleatória que consiste em selecionar para a amostra os elementos (indivíduos, instituições, casos ou outras unidades de amostragem) porque se considera que possuem as características típicas da população e que, por esse motivo, fornecem informações cruciais para a compreensão de um processo ou conceito, ou para testar ou elaborar uma teoria. A escolha das unidades de amostragem é feita de forma subjetiva tendo em conta, por exemplo, o conhecimento que se tem de que essa unidade tem características extremas, típicas, afastadas do normal ou outras quaisquer, únicas ou particularmente importantes. Em todo o caso, são normalmente definidos critérios de seleção e só são selecionados para a amostra elementos que satisfizerem esses critérios. Este método de amostragem também é denominado método das unidades tipo ou amostragem intencional.

ANÁLISE

Processo psicológico envolvido na classificação da experiência pessoal através de sintomas, funções, saúde e qualidade de vida; pode afetar futuras classificações destes resultados/desfechos se a pessoa mudar comportamentos, prioridades e metas com base nesta análise. No contexto de um ensaio clínico, pode ter impacto na magnitude do efeito entre dois ramos dum estudo de intervenção se o efeito for diferencial entre os diferentes grupos comparados: a intervenção, o placebo, o tratamento usual, o controle ativo, como exemplos. [263]

ANÁLISE AGRUPADA

Ver também META-ANÁLISE: META-ANÁLISE DE DADOS INDIVIDUAIS DE PACIENTES

ANÁLISE CONJUNTA

Técnica rigorosa de medição de preferências, através da estimação da importância relativa de diferentes aspectos da saúde ou de cuidados de saúde. Esta técnica baseia-se no pressuposto de que qualquer estado ou serviço de saúde pode ser descrito pelas suas características (ou atributos), e que a medida em que um indivíduo valoriza um estado ou serviço de saúde depende dos níveis dessas características. As características são usadas para criar cenários realistas e a medição de preferências pelos cenários selecionados é feita usando um dos seguintes três métodos: ordenação, classificação, ou escolhas discretas. No método de ordenação, os respondentes são convidados a listar os cenários por ordem de preferência. Este método raramente é utilizado em cuidados de saúde. O método de classificação exige que os respondentes atribuam uma pontuação/escore, por exemplo de 1 a 5, para cada um dos cenários. Por último, no método de escolhas discretas é apresentada aos respondentes uma série de cenários (escolhas possíveis) e, depois, cada um é convidado a escolher o seu cenário preferido. As respostas possíveis incluem as seguintes possibilidades: a resposta de que ambos, A ou B, são preferidos, ou a resposta numa escala de cinco pontos, onde 1 significa que definitivamente prefere o A e 5 significa que definitivamente prefere o B. Tendo em conta que as escolhas se assemelham mais às decisões do dia-a-dia da vida real, o método das escolhas discretas tem sido a abordagem preferida em estudos sobre cuidados de saúde. [280]

ANÁLISE DE AGRUPAMENTOS

Conjunto de métodos para a construção de uma classificação sensível e informativa de um conjunto de dados inicialmente não classificados, usando os valores de variáveis observadas em cada indivíduo. Essencialmente, todos esses métodos tentam imitar o que o sistema olho-cérebro faz tão bem em duas dimensões. Por exemplo, é muito simples detectar a presença de três agrupamentos sem explicitar o significado do termo 'agrupamento'. [94]

ANÁLISE DE CONTEÚDO

Designação genérica para uma variedade de meios de análise inicial que inclui comparar, contrastar e categorizar um conjunto de dados obtidos de artefatos culturais (textos, documentos, programas de televisão, etc.) ou de eventos. A análise de conteúdo clássica enfatiza a descrição sistemática, objetiva e quantitativa do conteúdo derivado de categorias desenvolvidas pelo investigador. As formas mais contemporâneas de análise de conteúdo incluem meios numéricos e interpretativos de análise de dados. [288]

ANÁLISE DE CUSTO-BENEFÍCIO

Análise de custo-benefício (ACB) é uma forma de avaliação económica/económica em que todos os custos e consequências de um programa são expressos na mesma unidade, normalmente, unidades monetárias. A ACB é usada para comparar custos e benefícios entre programas destinados a diferentes grupos de pacientes, denominada eficiência alocativa. Mesmo que alguns itens dos recursos usados ou dos benefícios não possam ser medidos em termos monetários, não deverão ser excluídos da análise. [84, 321]

ANÁLISE DE CUSTO-EFETIVIDADE

Análise de custo-efetividade (ACE) é uma forma de avaliação económica/econômica completa em que são analisados tanto os custos como as consequências dos programas de saúde ou tratamentos. São exemplos de medidas de efetividade usadas na ACE: dias livres de doença, anos de vida ganhos, e redução percentual em um resultado/desfecho de interesse. [84]

ANÁLISE DE CUSTO-UTILIDADE

Uma forma de análise económica/econômica em que as intervenções que produzem diferentes consequências, tanto de quantidade como de qualidade de vida, são expressas em níveis de utilidade. Estas são medidas que compreendem a esperança/expectativa de vida e os níveis subjetivos de bem-estar. A medida de utilidade mais conhecida é 'anos de vida ajustados pela qualidade' ou AVAQ (QALY, do inglês *Quality Adjusted Life Year*). Neste caso, as intervenções alternativas são comparadas em termos de custo por utilidade. Ver também ANOS DE VIDA AJUSTADOS PELA QUALIDADE.

ANÁLISE DE DECISÃO

Aplicação de métodos explícitos e quantitativos que quantificam prognósticos, efeitos de tratamento e valores atribuídos pelos pacientes para analisar uma decisão em condições de incerteza. [47]

ANÁLISE DE PERCURSOS

Método de análise que estabelece hipóteses acerca da direção de relações causais entre sequências e configurações de variáveis. Isto permite ao analista construir e testar o ajustamento de modelos alternativos (na forma de um diagrama de percursos) de relações causais que podem existir entre um conjunto de variáveis incluídas no sistema finito em estudo. A identificação das sequências de percursos causais menos prováveis permite eliminá-los de futura consideração. [176]

ANÁLISE DE RASCH

Método de análise de dados de acordo com o modelo de Rasch, para identificar se se justifica ou não, a partir dos dados, adicionar as pontuações/os escores de um grupo de itens. Este teste é chamado teste de ajuste entre os dados e o modelo. Se a invariância de respostas em diferentes grupos de pessoas não se mantiver, então, não se justifica ter a pontuação/escore total para caracterizar um indivíduo. Evidentemente, os dados nunca se ajustam perfeitamente ao modelo, e é importante considerar o ajuste dos dados ao modelo no que diz respeito ao uso que se pode fazer das pontuações totais. Se os dados se ajustarem ao modelo de forma adequada para o efeito, então a análise de Rasch também lineariza a pontuação/escore total, que é delimitada por 0 e pela pontuação/escore máxima nos itens. O valor linearizado corresponde à localização da pessoa no *continuum* unidimensional – o valor é denominado parâmetro no modelo e pode ser apenas um número num quadro unidimensional. Este parâmetro pode depois ser usado na análise de variância e de regressão mais facilmente do que a pontuação/escore total bruta, que tem efeitos de chão e teto. [9, 45]

ANÁLISE DE REDE

Forma quantitativa de estudar a estrutura social e o modo como as propriedades estruturais da rede social afetam o comportamento; os dados para a análise de redes sociais derivam das regularidades na padronização de relações entre entidades sociais, que podem ser pessoas, grupos ou organizações. [142]

ANÁLISE DE SENSIBILIDADE

Cálculo matemático que isola os fatores envolvidos em uma análise de decisão ou análise económica/econômica, para mostrar o grau de influência que cada fator tem sobre o resultado de toda a análise. Mede a incerteza das distribuições de probabilidade. [130]

ANÁLISE FATORIAL

Conjunto de métodos estatísticos para analisar as correlações entre diversas variáveis para estimar o número de dimensões fundamentais subjacentes aos dados observados e para descrever e medir essas dimensões. Frequentemente usada no desenvolvimento de sistemas de pontuação/escore para escalas de avaliação e questionários. [176]

ANÁLISE FATORIAL CONFIRMATÓRIA

Método usado para testar se uma estrutura fatorial assumida num questionário (definida com base em evidência empírica ou em uma teoria) é suportada pelos dados observados. Técnicas de modelação de equações estruturais são usadas para testar hipóteses sobre as relações entre as variáveis observadas (itens) e as variáveis latentes (fatores). Deve-se especificar *a priori* um modelo e usar testes formais de qualidade do ajustamento para confirmar que os dados se ajustam ao modelo. Os pesos/cargas fatoriais estimam o quão bem as variáveis observadas medem a variável latente. [70, 114]

ANÁLISE FATORIAL EXPLORATÓRIA

Método estatístico que agrupa variáveis que são altamente correlacionadas entre si, mas que também são relativamente não correlacionadas com outras variáveis; estes grupos são então considerados como possíveis provas de uma estrutura fatorial subjacente. Spearman usou pela primeira vez esta análise para explorar aspectos de inteligência [298] e hoje é amplamente utilizada como uma forma de validade de constructo, de modo que, se uma medida é composta por vários domínios diferentes, então deve ser possível criar grupos de itens com base em correlações item a item; se os fatores esperados forem produzidos, isso irá provar a validade de constructo. A análise fatorial exploratória é uma forma de examinar a estrutura de dados, mas tem sido criticada porque se admite que haja diferentes fatorizações alternativas possíveis e os fatores podem ser difíceis de interpretar e/ou inconsistentes de estudo para estudo. [100, 186]

ÂNCORA

No contexto da medição, é um critério externo que corresponde a uma medida de fácil compreensão, para determinar o que os pacientes ou os seus clínicos consideram uma melhoria ou uma deterioração significativas. [72] Quando são usadas escalas visuais analógicas, as âncoras são os termos ou valores nos extremos da escala que limitam o intervalo.

ANGÚSTIA OU SOFRIMENTO EXISTENCIAL

No contexto dos cuidados paliativos, uma preocupação sobre a falta de sentido na vida presente, falta de sentido no passado, perda de papéis sociais, sentimento emocional de irrelevância, dependência, medo de ser um fardo para outros, desespero, luto por uma separação iminente, questões do tipo "porquê eu?", culpa, questões não resolvidas, vida após a morte, e fé. [34, 223]

ANONIMIZADO

Dados previamente identificados dos quais foi removida qualquer identificação e para os quais deixa de existir um código ou ligação. Um investigador não será capaz de relacionar uma informação anonimizada com o indivíduo que lhe deu origem. [143]

ANÓNIMOS

Dados que foram recolhidos sem qualquer tipo de identificador que lhes permita serem assoiados a um indivíduo; dados dos quais foi removida qualquer identificação utilizando códigos para os indivíduos não são considerados anónimos. [143]

ANOS DE VIDA AJUSTADOS PELA INCAPACIDADE

Os anos de vida ajustados pela incapacidade (DALY - *Disability Adjusted Life Years*) medem os anos de vida perdidos por morte prematura (YLL – *Years of Life Lost*) ou incapacidade (YLD – *Years Lived with Disability*) relativamente a uma esperança/expectativa de vida ideal. São uma medida do fardo da doença numa determinada população definida e da eficácia das intervenções. Baseiam-se no ajustamento da esperança/expectativa de vida de forma a tomar em consideração a incapacidade prolongada, estimada a partir de estatísticas oficiais. Os DALY são calculados utilizando o produto do "peso da incapacidade" (uma proporção menor que 1) pela idade cronológica para refletir o fardo da incapacidade. Podem, assim, produzir estimativas que atribuem maior valor a pessoas aptas do que a pessoas com deficiência e maior valor a pessoas de meia idade do que aos jovens ou idosos. [176]

ANOS DE VIDA AJUSTADOS PELA QUALIDADE

Conhecido pela sigla inglesa QALY (*Quality Adjusted Life Years*), é a medida de resultado/desfecho em saúde que atribui um peso entre 0 e 1 a cada período de tempo, correspondendo à qualidade de vida relacionada com a saúde durante esse período, onde um peso de 1 corresponde a saúde ótima e um peso de 0 corresponde a um estado de saúde considerado equivalente a morte; estes pesos são depois agregados ao longo de períodos de tempo. [37, 130]

APATIA

A palavra apatia tem origem na palavra grega "apathes" (παθής) que significa "sem sentimento". A primeira vez que a palavra apatia apareceu no Dicionário de inglês Oxford foi em 1603 e foi definida como "a liberdade de, ou insensibilidade para, paixão ou sentimento; existência desapaixonada". A atual definição do Dicionário Oxford reflete um entendimento mais moderno: "a indiferença ao que se calcula que afete os sentimentos, para estimular interesse ou ações". Apatia é o termo usado para descrever o lado negativo da motivação. Quando se observam sintomas de falta de iniciativa, de energia, de persistência e de dinamismo em uma pessoa, ela é identificada como apática. A apatia pode ser um traço geralmente caraterístico do indivíduo (por ex., uma história de vida passiva, baixo nível de atividade, baixa auto-estima e baixa satisfação com a vida). Pode também ser um estado resultante de uma adaptação temporária a grandes mudanças na vida (por ex., tragédia pessoal, catástrofe natural, perda social e privação ambiental). Há também um movimento no sentido de declarar apatia como uma síndrome com um conjunto específico de critérios de diagnóstico. [269] Apatia como síndrome foi operacionalizada pela primeira vez por Marin [269] e por Starkstein [304]; no entanto, atualmente, Robert et al. [269] indicam que é consensual que o constructo apatia abrange quatro domínios: interesse, tomada de iniciativa, energia e resposta emocional. No contexto da saúde, foi demonstrado que a apatia é prevalente na doença neurológica e tem impacto na participação e envolvimento em atividades importantes. Tem sido medida utilizando PRO, bem como por meio da classificação da família ou profissionais de saúde (ObsRO) de comportamentos consistentes com os domínios da apatia. [191, 195, 269, 304] Ver também MOTIVAÇÃO, RESULTADO/DESFECHO REPORTADO PELO PACIENTE (PRO), RESULTADO/DESFECHO REPORTADO POR OBSERVADOR (ObsRO).

APOIO DE COMPANHEIRISMO

Tipo de apoio social que implica a disponibilidade de pessoas com quem se pode participar em atividades sociais e de lazer, como passeios e festas, atividades culturais (por ex., ir ao cinema ou a museus), ou atividades recreativas, como eventos desportivos ou caminhadas. [56]

APOIO EMOCIONAL

A disponibilidade de uma ou mais pessoas para escutarem empaticamente quando um indivíduo enfrenta problemas, podendo dar indicações de cuidados e de aceitação. [56]

APOIO INSTRUMENTAL

Diz respeito à ajuda prática necessária, tal como ajudar com o transporte, apoiar nas tarefas domésticas e de assistência à infância, e dar ajuda material, como trazer ferramentas ou emprestar dinheiro. [56]

APOIO SOCIAL

Expressão de uma relação pessoal caracterizada por afetividade, intimidade, reciprocidade e solidariedade. O apoio social não é uma variável mas sim um processo, o que significa que não é um bem ou recurso que possa ser dado de uma parte para a outra. O apoio social acontece quando existe um ambiente de apoio, não ameaçador, e que permite a criatividade (no sentido mais amplo do termo). O apoio social pode assumir a forma de apoio emocional, instrumental ou tangível, apoio prático sob a forma de ajuda material, apoio em termos de informação, companheirismo, ou confirmação de comportamentos ou sentimentos individuais em relação às normas sociais. [56]

APRENDIZAGEM TRANSFORMADORA

Teoria de aprendizagem de adultos que é usada para entender os processos através dos quais os adultos alteram ou transformam a forma como pensam sobre as suas vidas quando se confrontam com novos desafios, tais como ser-lhes diagnosticada uma doença crónica/crônica ou um novo problema de saúde com que têm de viver. É um processo dinâmico que implica crescimento e aprendizagem à medida que ocorrem novas experiências, e resulta numa reestruturação da experiência com a doença e reestruturação de si mesmo, e que leva a novas regras, comportamentos, sentimentos, convicções, perspetivas e identidade. A aprendizagem transformadora tem muitas semelhanças com a mudança de resposta, e também diferenças. A mudança de resposta centra-se no desenvolvimento de teoria, métodos quantitativos e qualitativos para a deteção e aplicação à prática clínica e de investigação. A aprendizagem transformadora centra-se na adaptação e crescimento pessoal no contexto da vida com um problema de saúde. Os fenómenos/fenômenos de mudança de resposta não estão necessariamente na consciência do indivíduo, enquanto a aprendizagem transformadora está claramente definida como um processo de reflexão fundamental para o desenvolvimento de uma nova realidade pessoal. [24]

ÁREA SOB A CURVA

Em inglês *Area Under the Curve* (AUC), é uma forma útil de sintetizar as informações de uma série de medições feitas num indivíduo ao longo do tempo, por exemplo, aquelas que são recolhidas num estudo longitudinal ou para a curva dose-resposta. É habitualmente calculada por meio da soma das áreas sob a curva entre cada par de pontos consecutivos no tempo usando, por exemplo, a regra do trapézio. Corresponde aproximadamente a calcular as áreas de uma série de trapezoides (retângulos e triângulos) e somá-las. Esta estimativa é a que melhor representa constructos que estão sempre presentes até certo ponto no indivíduo, mas que apenas são medidos periodicamente. Por exemplo, parâmetros biológicos como o açúcar no sangue, colesterol, capacidade pulmonar, ou sintomas como a dor, fadiga, depressão podem ser sintetizadas ao longo do tempo usando a área sob a curva. A atividade física que ocorre esporadicamente não seria bem representada. [94]

ARREPENDIMENTO COM A DECISÃO

Emoção negativa associada ao pensamento sobre uma escolha passada ou futura. Os pensamentos assumem geralmente a forma de desejo de que as coisas fossem diferentes e envolve a comparação do que aconteceu ou acontecerá com alguma alternativa melhor - um "pensamento contrafactual". No caso do arrependimento pré-decisório (antecipado), o pensamento envolve uma simulação mental dos resultados/desfechos que poderiam resultar de opções de escolha diferentes. [57] O arrependimento decisório (também denominado conflito decisório) é um constructo que pode ser medido [38] e as ajudas na decisão são ferramentas desenvolvidas para ajudar os indivíduos a tomarem decisões sobre o tratamento e evitarem o arrependimento decisório. Ver também AJUDAS À DECISÃO.

ATITUDE

Derivando dos valores de um indivíduo, uma atitude reflete tipicamente uma tendência para reagir a certos eventos de determinadas formas, bem como para se aproximar de ou evitar esses eventos que confirmam ou contestam os valores do indivíduo. As atitudes também afetam as crenças individuais e o comportamento. [233]

ATIVIDADE

No contexto da saúde, é a execução de uma tarefa ou ação por um indivíduo; a OMS, no quadro da CIF, dá a seguinte classificação das atividades: as relacionadas com a aprendizagem e aplicação de conhecimentos; tarefas e exigências gerais; comunicação; mobilidade; auto-cuidados; vida doméstica; interações e relacionamentos interpessoais. [338] Ver também CLASSIFICAÇÃO INTERNACIONAL DE FUNCIONALIDADE, INCAPACIDADE E SAÚDE (CIF).

ATIVIDADE FÍSICA

No contexto do exercício, atividade física é definida como os movimentos do corpo produzidos por ação muscular de que resulta um aumento do gasto de energia. [7, 205] Estes movimentos ocorrem como parte da vida quotidiana. Ver também EXERCÍCIO FÍSICO.

ATIVIDADES DA VIDA DIÁRIA

Tarefas básicas da atividade da vida diária (AVD) necessárias para a realização de cuidados pessoais, principalmente tomar banho, vestir-se, movimentar-se ou deslocar-se dentro de casa e comer; estas atividades representam funções biológicas primárias que refletem uma organização adequada dos sistemas neurológico e locomotor. [160]

ATIVIDADES DA VIDA DIÁRIA INSTRUMENTAIS

Atividades instrumentais da atividade da vida diária (AVDI) com aspectos de funcionamento cognitivo e social, incluindo fazer compras, cozinhar, fazer trabalhos domésticos, administrar o dinheiro e usar o telefone. [335]

ATRIBUTO

Propriedade ou característica de um indivíduo, como a cor dos olhos. Na medição, refere-se às características que são medidas com elevado grau de certeza devido à existência de uma definição ou teste padrão. Por exemplo, ser portador de um diagnóstico específico seria um atributo. Tratamentos ou equipamentos médicos podem também ser classificados como atributos.

ATRITO

Em contexto de investigação, é o abandono de participantes no estudo ao longo do tempo; quando este abandono é diferencial entre dois grupos em comparação, como num ensaio randomizado, pode provocar um viés, que deve ser corrigido utilizando uma análise de intenção de tratar, com métodos de obtenção de resultados/desfechos que incluam todos, o que pode exigir a imputação estatística dos dados omissos. [259]

AUDITORIA

Avaliação ou análise de uma prática, processo ou desempenho de uma forma sistemática, para verificar em que medida estão de acordo com os critérios predefinidos. [233]

AUTOAVALIAÇÃO DE SAÚDE

É a forma como uma pessoa avalia a sua saúde com base na sua própria percepção, experiência e quadro de referência. As opções de resposta mais frequentemente usadas são: Excelente, Muito Boa, Boa, Regular, Má. Também se pode usar uma escala visual analógica de 0 a 100 ou de 0 a 10 (VAS). [177, 193, 224] Ver também PERCEPÇÃO DE SAÚDE.

AUTOEFICÁCIA

Refere-se às convicções que as pessoas têm sobre a sua própria capacidade de atuar de uma forma que irá influenciar aquilo que lhes acontece na vida. Convicções de auto-eficácia determinam a forma como as pessoas sentem, pensam, se motivam e se comportam. [20, 332]

AUTOGESTÃO

Capacidade individual para gerir os sintomas, o tratamento, as consequências físicas e psicossociais e as alterações ao estilo de vida próprias de quem convive com uma condição crónica/crônica. Autogestão inclui quatro atividades: (i) dedicar-se a atividades que promovem a saúde e criam uma reserva fisiológica, como o exercício físico, boa alimentação, atividade social e sono; (ii) interagir com o sistema e com os prestadores de cuidados de saúde e aderir aos protocolos de tratamento recomendados; (iii) monitorizar regularmente o estado físico e emocional e fazer os ajustes apropriados com base nos sintomas e sinais; e (iv) gerir o impacto da doença na capacidade de desempenhar papéis importantes, nas emoções e autoestima, e nas relações com os outros. Os programas de autogestão mais conhecidos são: o Programa de Autogestão de Stanford dos Estados Unidos da América [303], o Programa "Paciente-Perito" do Reino Unido, [95] e o da Universidade de Flinders da Austrália. [113] Todos estes programas visam promover o empoderamento dos pacientes para lidarem com a doença e alcançarem um nível ótimo de qualidade de vida. [26, 54, 95, 113, 139, 190, 303]

AUTONOMIA

Capacidade de ser a própria pessoa, de viver a vida de acordo com razões e motivos que são decididos por si próprio e não o produto de forças externas manipuladoras ou deformadoras. No contexto da saúde, refere-se ao direito da pessoa tomar as suas próprias decisões e é a base do consentimento informado sobre cuidados ou envolvimento na investigação. [302]

AVALIAÇÃO

Applicação sistemática de métodos para, periódica e objetivamente, avaliar a efetividade dos programas na obtenção dos resultados/desfechos esperados, os seus efeitos (os esperados e os não esperados), a continuidade da relevância e modos alternativos ou mais custo-efetivos de obter os resultados/desfechos esperados. [317]

AVALIAÇÃO DA POSSIBILIDADE DE TRADUÇÃO

Avaliação sobre até que ponto uma medida pode ser adequadamente traduzida para outra língua, em que "adequadamente" significa uma tradução conceitualmente equivalente ao texto original e cultural e linguisticamente apropriada ao país alvo. Esta avaliação é efetuada antes da tradução, de forma a identificar dificuldades de tradução. Quando estas são identificadas, várias soluções podem ser utilizadas: (i) alterar a formulação do item na língua de origem; ou (ii) manter o texto original na língua de origem e providenciar uma redação alternativa na qual se podem basear potenciais traduções na língua alvo. [59, 71]

AVALIAÇÃO DE NECESSIDADES

Procedimento sistemático para determinar a natureza e âmbito das necessidades de saúde numa população, as causas e fatores que contribuem para aquelas necessidades e os recursos humanos, organizacionais e comunitários que estão disponíveis para lhes dar resposta. [176, 297]

AVALIAÇÃO DE RESULTADOS/DESFECHOS CLÍNICOS

Qualquer avaliação que pode ser influenciada por escolhas humanas, juízos ou motivações e pode apoiar evidência, direta ou indireta, dos benefícios do tratamento. Ao contrário dos biomarcadores, que se baseiam inteiramente num processo automatizado ou num algoritmo, as avaliações de resultados clínicos dependem da implementação e interpretação de resultados reportados pelos pacientes, médicos ou observadores. Os quatro tipos de avaliações de resultados clínicos são os resultados/desfechos reportados pelo paciente (PRO), resultados/desfechos reportados pelos clínicos (ClinRO), resultados/desfechos observados (ObsRO), e resultados/desfechos de medidas de desempenho (PerfO).

AVALIAÇÃO DO IMPACTO NA SAÚDE

Processo multidisciplinar no âmbito do qual é considerado, de modo estruturado, o conjunto da evidência sobre os efeitos na saúde de uma proposta. Baseia-se num modelo geral da saúde que sugere que fatores econômicos/econômicos, políticos, sociais, psicológicos e ambientais afetam a saúde da população. As avaliações do impacto na saúde são usadas para documentar, a longo-prazo, os efeitos na saúde dos investimentos, das políticas e dos projetos noutros setores que afetam os ambientes físico e social. São exemplos os projetos de desenho ou modelo comunitário, planeamento/planejamento de transportes, e outras áreas fora do domínio tradicional das preocupações da saúde pública. As avaliações do impacto na saúde servem para tornar os impactos das decisões sociais na saúde e equidade mais explícitos, fornecer um mecanismo de responsabilização para prevenir prejuízos, moldar projetos, planos e políticas para promover e melhorar a saúde da população, e apoiar a participação inclusiva e efetiva nas instituições de governaça. [239]

AVALIAÇÃO QUALITATIVA

Série de abordagens para avaliar ou determinar o mérito ou valor de programas, políticas, projetos ou tecnologias que utilizam métodos qualitativos para a geração de dados, tais como a entrevista não estruturada, a observação, a análise de documentos e meios não estatísticos de analisar e apresentar os dados. [288]

AVATAR

Na computação, um avatar é a representação gráfica do utilizador, a sua personagem ou o seu *alter ego*. Pode assumir uma forma tridimensional, como nos jogos ou nos mundos virtuais, ou uma forma bidimensional, como um ícone em fóruns da Internet e de outras comunidades *online*. Na presença de incapacidade, um avatar permite que a pessoa assuma um *alter ego* para participar numa comunidade *online* ou virtual.

B

BARREIRA

Fatores ambientais ou pessoais, ou uma deficiência ou limitação que dificultam o desempenho ou a participação. [338]

BASEADO EM ÂNCORA

Método utilizado para estimar a Mínima Mudança Importante (MMI) ou Mínima Diferença Importante (MDI). As pontuações observadas na medida a ser testada para a MMI são mapeadas para valores em testes clínicos âncora que são considerados importantes. As diferenças relativamente à âncora podem ser determinadas quer transversalmente (diferenças entre grupos clinicamente definidos num dado momento do tempo) quer longitudinalmente (mudança na pontuação/escore de um grupo ao longo do tempo). [71] Com um estudo transversal, o método baseado em âncora pode também ser chamado grupos conhecidos ou validade discriminante. Ver também MUDANÇA.

BASEADO NA DISTRIBUIÇÃO

No contexto da identificação da mudança, este método baseia-se nas distribuições estatísticas das pontuações num dado estudo, que podem incluir confiança no desvio padrão e/ou no erro padrão da medição. [140] Ver também MUDANÇA.

BASEADO NA EVIDÊNCIA

Baseado em revisões sistemáticas de resultados/desfechos de investigação clínica. [123]

BASES DE DADOS ADMINISTRATIVAS

Bases de dados que armazenam informações recolhidas regularmente para a gestão de um sistema de cuidados de saúde. São fontes valiosas de dados, porque cobrem toda a população (de segurados/beneficiários), mas a informação que contêm não foi recolhida para investigação e, portanto, a sua utilização requer um esforço considerável de gestão de dados e uma boa compreensão do sistema que eles representam. [74]

BATERIA

No contexto de avaliação em saúde, uma série de testes ou questionários desenhados para proporcionar uma avaliação abrangente do constructo alvo e dos constructos que lhe estão associados.

BEM-ESTAR

Estado ótimo de saúde de indivíduos e de grupos. Há duas preocupações centrais: a realização do pleno potencial de um indivíduo (físico, psicológico, social, espiritual e económico/econômico) e a satisfação das suas próprias expectativas sobre os papéis que desempenham na família, na comunidade, no local de culto, no local de trabalho e noutros contextos. [332]

BEM-ESTAR EMOCIONAL

Aspecto do bem-estar geral, por vezes também referido como bem-estar psicológico; outros componentes incluem bem-estar físico, funcional e social. [46, 327]

BEM-ESTAR GERAL

Constructo relacionado com o que significa ser auto-realizado, um indivíduo distinto, com funcionalidade plena, e otimamente desenvolvido; a ideia de bem-estar tem raízes em conceitos de felicidade, satisfação com a vida e afeto positivo. As suas dimensões nucleares são encontrar sentido na vida, crescimento pessoal, relações positivas com os outros, controle ambiental, auto-aceitação, e autonomia. [281, 282]

BENEFÍCIO DO TRATAMENTO

Efeito favorável sobre um aspecto significativo de como um pacientes sente ou funciona na sua vida, ou ainda na sobrevivência, em que "significativo" se refere ao efeito sobre um aspecto da saúde que foi afetado pela doença e se manifesta na forma como o paciente se sente ou nas suas funções, que é importante para o paciente e por isso ele prefere que seja evitado, melhorado, ou que não piore. Este efeito favorável deve ocorrer na vida normal do paciente e não ser apenas uma mudança no desempenho de uma tarefa específica em situação de teste, numa tarefa que provavelmente o paciente não irá fazer ou não vai querer fazer na sua vida habitual. Os investigadores que propõem estes testes necessitam de demonstrar o seu significado para a vida dos pacientes mesmo na ausência de validade facial. [102, 325] Os critérios usados para definir o benefício do tratamento podem também ser utilizados para definir o estatuto de participante num ensaio clínico.

BOA APLICAÇÃO ÉTICA DO CONHECIMENTO

Atividades de tradução do conhecimento com boa aplicação ética na melhoria da saúde são aquelas que são consistentes com os princípios éticos e normas, com os valores sociais, bem como com os quadros legais e regulamentares, mesmo sabendo que os princípios, valores e leis podem competir entre si num determinado momento. O termo é aplicado para referir o processo iterativo pelo qual o conhecimento é posto em prática. [135]

BOOTSTRAP

Método de simulação de dados usado para estimar a variabilidade de um estimador e para produzir intervalos de confiança para os parâmetros em análise em situações em que estes são difíceis ou impossíveis de obter de forma analítica. Este método consiste em realizar uma amostragem com reposição de forma repetida para produzir amostras aleatórias de tamanho n a partir da amostra original, também de dimensão n (cada uma destas amostras é denominada amostra *bootstrap* e fornece uma estimativa do parâmetro em análise). Repetindo este processo um grande número de vezes (1000 a 5000 vezes) obtém-se a informação necessária sobre a variabilidade do estimador e pode ser produzido um intervalo de confiança aproximado, a $(1-\alpha)\times100\%$, para o parâmetro em análise. A dimensão do efeito (por ex., o d de Cohen é definido como a razão da diferença de médias sobre um desvio-padrão) e o coeficiente de determinação da regressão linear (r^2) são exemplos de parâmetros que podem ser estimados com intervalos de confiança obtidos pelo método *bootstrap*. [74]

C

CANCRO/CÂNCER PRIMÁRIO

Cancro/câncer original; a ser distinguido de cancros/cânceres secundários, que podem surgir como consequência do tratamento para cancros/cânceres primários. [123]

CAPACIDADE

A medida em que uma tarefa pode ser executada num ambiente padrão, por exemplo quando é testada num ambiente clínico ou laboratorial; terminologia da CIF da OMS. [338] Ver também CLASSIFICAÇÃO INTERNACIONAL DE FUNCIONALIDADE, INCAPACIDADE E SAÚDE (CIF).

CAPACIDADE DE EXERCÍCIO

Quantidade máxima de esforço físico que uma pessoa pode suportar. Uma avaliação precisa da capacidade de exercício exige que o esforço máximo seja suficientemente prolongado para ter um efeito estável (ou estado de equilíbrio) na circulação. Durante um teste de esforço progressivo, o padrão-ouro para testar a capacidade de exercício, é a medida da quantidade de oxigénio/oxigênio necessária para gerar o trabalho pretendido. O parâmetro que melhor representa a capacidade de exercício é o pico do consumo de oxigénio/oxigênio (pico de VO_2) porque, nos testes, as pessoas mais destreinadas nunca alcançam o consumo máximo de oxigenio (máx. de VO_2). A capacidade de exercício é um preditor de mortalidade mais poderoso entre os homens do que quaisquer outros fatores de risco estabelecidos para a doença cardiovascular. É também o alvo de todas as intervenções por exercício, quer seja ou não explicitamente avaliada. [131, 158, 227]

CARGA DA DOENÇA

Medida da diferença entre a saúde atual de uma população e o estado ideal onde todas as pessoas atingem a expectativa de vida plena sem sofrerem grandes problemas de saúde. [297, 332, 334]

CARGA DA PRESTAÇÃO DE CUIDADOS

No contexto da saúde, é o volume de trabalho dos cuidados de saúde e o seu impacto no estado funcional e de bem-estar do paciente. O "volume de trabalho" consiste em tudo o que é exigido para o tratamento de um paciente e quaisquer estratégias de gestão de saúde relacionadas que forem adotadas (por ex., monitorização da saúde, dieta, exercício). O "impacto" remete para o efeito do tratamento e do auto-cuidado no bem-estar comportamental, cognitivo, físico e psicológico do paciente. [91]

CASOS PREVALENTES

No início de um estudo, é o número de pessoas que já têm a condição em análise; o acompanhamento contínuo da amostra vai encontrar casos adicionais, denominados casos incidentes; é importante distinguir os casos prevalentes dos casos incidentes nos estudos que podem conter ambos. [123]

CATALISADOR

No contexto de mudança de resposta, catalisador refere-se a estados de saúde ou a mudanças nos estados de saúde, bem como a outros eventos relacionados com a saúde, a tratamentos, à experiência vicariante (compensatória) desses eventos e a outros eventos que hipoteticamente têm impacto na qualidade de vida (acontecimentos de vida). [301]

CAUSA NECESSÁRIA

Uma causa sem a qual um resultado/desfecho não ocorrerá. Quatro causas necessárias da ação humana foram primeiramente identificadas por Aristóteles: material, eficiente ou motriz, formal e final.

As causas materiais são semelhantes à madeira ou outros materiais físicos necessários para construir uma casa. No contexto da qualidade de vida, os domínios de função podem ser vistos como causas materiais.

A causa motriz é o construtor da casa mas, mais importante, o estado em que se encontra o construtor. No contexto da qualidade de vida, emergem várias alternativas: esperança, otimismo, e capacidade de adaptação.

A causa formal é semelhante aos projetos ou planos necessários à consrução. No contexto da qualidade de vida, pode ser um plano ou infraestrutura que garanta a satisfação das necessidades.

A causa final é a razão pela qual a casa é construída. No contexto da qualidade de vida, a causa final é porventura alcançar um estado de aceitação da condição atual ou situação de vida, por vezes designada como o 'novo normal'. [278]

CAUSA SUFICIENTE

Uma causa que inevitavelmente produz um efeito; como consequência, todas as pessoas com essa causa terão esse resultado/desfecho. Uma causa suficiente atua por si própria sem ser necessária a presença de fatores adicionais. As causas podem ser necessárias ou suficientes ou as duas simultaneamente. No contexto da medição da qualidade de vida ou de resultados/desfechos reportados pelo paciente (PRO), a presença de um sintoma, por exemplo, pode ser suficiente para provocar uma diminuição da qualidade de vida, mas não é necessária porque a qualidade de vida pode diminuir devido a outros fatores. Fayers adverte contra a utilização de causas suficientes como componentes das medidas de qualidade de vida porque a presença de apenas uma causa será suficiente para afetar a qualidade de vida, não deixando margem para que outros fatores possam ter efeito. [101, 278]

CENSURADO

São dados de indivíduos que não atingem o tempo total de observação previsto em estudos longitudinais. Neste contexto, em que se usam modelos destinados à análise de dados que representam o tempo decorrido desde um instante inicial até à ocorrência de um determinado acontecimento, ou o tempo para chegar a um determinado estado de saúde (análise de sobrevivência), podem existir indivíduos cujo resultado/desfecho não pode ser determinado porque o estudo chegou ao fim, porque foram perdidos no seguimento (follow-up) ou porque abandonaram o estudo. Estes indivíduos designam-se censurados. Os indivíduos que chegam ao fim do estudo longitudinal (denominados "fracassos" mesmo que o acontecimento seja positivo) são classificados como "falhas", enquanto todos os outros são considerados censurados. Para evitar viés, os indivíduos censurados devem ser independentes da variável em estudo (variável de exposição), sendo este pressuposto denominado censura independente. Por exemplo, num estudo de recuperação plena após a submissão a uma cirurgia, se um indivíduo morrer de um acidente de carro antes de ser avaliado, então ele deve ser considerado censurado e deve admitir-se o pressuposto de censura independente. [259]

CHANCES

Razão entre duas probabilidades: a probabilidade de ocorrência de um evento e a da sua não ocorrência; chances de 2:1 indica que, por exemplo, em 3 indivíduos, 2 têm o evento e em 1 o evento não ocorre. [176]

CLASSIFICAÇÃO INTERNACIONAL DE FUNCIONALIDADE, INCAPACIDADE E SAÚDE (CIF)

Produzida pela OMS, trata-se de uma linguagem unificada e padronizada e de um enquadramento para a descrição da saúde e de estados relacionados com a saúde. Define os componentes do bem-estar (tais como educação e trabalho). Os domínios contidos na CIF podem, portanto, ser considerados como domínios da saúde e domínios relacionados com a saúde. Estes domínios são descritos com base na perspectiva do corpo, do indivíduo e da sociedade em duas listas básicas: (i) funções e estruturas do corpo, e (ii) atividades e participação. Como classificação, a CIF agrupa sistematicamente diferentes domínios de uma pessoa com uma determinada condição de saúde (por ex., o que uma pessoa com uma doença ou perturbação faz ou pode fazer). [338] Ver também ORGANIZAÇÃO MUNDIAL DE SAÚDE (OMS).

CLINIMETRIA

Termo introduzido por Alvan R. Feinstein em 1982 para indicar um domínio focado em índices, escalas de avaliação e outras expressões que são usadas para descrever ou medir sintomas, sinais físicos e outros fenómenos/fenômenos clínicos em medicina. O objetivo da ciência clinimétrica é fornecer uma designação para uma série de fenómenos/fenômenos clínicos, que não encontram espaço na taxonomia clínica habitual. Incluem o tipo, gravidade e sequência de sintomas; taxa de progressão de doença, gravidade de comorbidades; problemas de capacidade funcional; motivos para as decisões médicas; e muitos outros aspectos da vida diária, tais como bem-estar e angústia. [104]

COBERTURA UNIVERSAL

Abordagem ao financiamento de cuidados de saúde, que garante que todas as pessoas têm acesso aos serviços de saúde de que necessitam - prevenção, promoção, tratamento e reabilitação - sem enfrentarem a ruína financeira devido à necessidade de pagar pelos cuidados. Também, por vezes, chamada cobertura de saúde universal ou proteção social da saúde. [336]

COEFICIENTE BETA (β)

Coeficiente de regressão padronizado por forma a permitir a comparação direta entre variáveis explicativas em termos do seu poder explicativo relativo da variável resposta (resultado). É calculado a partir dos coeficientes não padronizados de regressão multiplicando-os pelo desvio-padrão da respectiva variável explicativa. É também designado coeficiente de regressão padronizado e pode ser parte do *output* de uma análise de regressão, mas cada ferramenta de análise estatística pode ter diferentes formas de proceder à padronização. [319] Ver também COEFICIENTE DE REGRESSÃO (β).

COEFICIENTE DE CORRELAÇÃO

Indicador quantitativo que mede a força da associação linear entre duas variáveis. O coeficiente de correlação toma valores entre -1 e 1. Um coeficiente de correlação com valores 1 ou -1 indica uma associação perfeita entre as variáveis, e 0 indica ausência de relação linear (emparelhamento de valores aleatórios). Um cuidado a ter ao usar a correlação para estimar a fiabilidade/confiabilidade inter-avaliadores é que um avaliador pode sistematicamente avaliar uma amostra de indivíduos abaixo do que faria outro avaliador indicando um baixo grau de concordância, contudo, a correlação entre as avaliações dos dois avaliadores será elevada, próxima de 1.0. Existem vários tipos de coeficientes de correlação, dependendo da natureza da distribuição e do tipo das variáveis a correlacionar. [71, 259] Uma consideração importante na escolha do coeficiente de correlação a usar é saber se os dados provêm de variáveis que seguem uma distribuição "normal, perfeitamente precisa e de números reais" (NPPNR) ou se os dados provêm de variáveis naturalmente discretas com dois ou mais valores específicos. Uma segunda consideração é se as variáveis NPPNR são tratadas como contínuas ou se foram categorizadas em 2 ou mais classes. [185, 247] A tabela abaixo apresenta a correspondência entre o tipo de variável e o coeficiente de correlação adequado.

Variável A	Variável B				
	NPPNR			DISCRETA (NOMINAL)	
NPPNR	CONTÍNUA	2 CLASSES	≥ 3 CLASSES	2 VALORES	≥ 3 VALORES
CONTÍNUA	Pearson (Spearman se ordenação)	Bisserial	Polisserial	Bisserial Pontual	Polisserial Pontual
2 CLASSES		Tetracórica	Bisserial de Ordem	Fi	W de Kendall
≥ 3 CLASSES			Policórica	Tau de Kendall	W de Kendall
DISCRETA (NOMINAL)					
2 VALORES				Fi	W de Kendall
≥ 3 VALORES					W de Kendall

1. DE PEARSON: Método mais comum de estimar um coeficiente de correlação entre variáveis que são NPPNR e os dados são contínuos.

2. DE SPEARMAN: Correlação de Pearson entre duas variáveis cujos valores foram ordenados e as ordens correlacionadas.

3. BISSERIAL: Ambas as variáveis são NPPNR; uma mantém a sua natureza contínua e a outra foi categorizada em duas classes. A correlação bisserial poderá ser usada para correlacionar uma medida de qualidade de vida (contínua) com a capacidade cognitiva subjacente ao constructo contínuo mas que é registada como sendo ou não sendo deficiente.

4. POLISSERIAL: Extensão da correlação bisserial mas com 3 ou mais classes.

5. TETRACÓRICA: Usada quando duas variáveis NPPRN foram ambas categorizadas em duas classes. No exemplo da correlação bisserial, a correlação tetracórica seria usada se a variável qualidade de vida tivesse sido categorizada em ótima e sub-ótima correlacionadas.

6. POLICÓRICA: Extensão da correlação tetracórica para duas variáveis NPPNR que foram categorizadas em três ou mais classes. Por exemplo, a percepção de estado de saúde, um constructo subjacente contínuo, pode ser categorizado em Excelente, Muito Bom, Bom, Razoável e Mau e ser correlacionado com a capacidade cognitiva categorizada em três níveis. A correlação entre duas variáveis medidas em escalas de tipo Likert é outro

exemplo do uso de correlação policórica. Baseia-se na hipótese de que os valores ordinais surgem da divisão do conjunto de algumas variáveis contínuas normalmente distribuídas em categorias; o interesse reside na correlação entre duas variáveis não observadas e contínuas. Este tipo de correlação tem sido usado para avaliar o grau de concordância inter-avaliadores na avaliação de variáveis ordinais; com mais de dois avaliadores, generaliza para um modelo de característica latente e testa se todos os avaliadores têm a mesma definição de característica latente, ao mesmo tempo que testa os equivalentes a limiares de todos os avaliadores. Tem sido amplamente usada na avaliação das propriedades das escalas ordinais de avaliação na análise de Rasch.

7. BISSERIAL DE ORDEM: Usada para correlacionar uma variável ordinal de 3 ou mais classes com uma variável de duas classes.

8. BISSERIAL PONTUAL: Usada para correlacionar uma variável NPPNR, com escala contínua preservada, com uma variável naturalmente discreta com apenas dois valores. Um exemplo seria qualidade de vida e género/gênero.

9. POLISSERIAL PONTUAL: É uma extensão da correlação bisserial pontual mas em que uma das variáveis é naturalmente discreta com 3 ou mais níveis, em que um exemplo pode ser o número de quedas por período de tempo.

10. TAU DE KENDALL: É usado para correlacionar uma variável (nominal) que representa dois grupos com outra variável que tem escala ordinal.

11. W DE KENDALL: É uma extensão do Tau de Kendall quando uma variável representa 3 ou mais grupos discretos (nominal) e a outra variável é ordinal.

12. FI: Correlação entre duas variáveis discretas com apenas duas categorias ou valores, por exemplo estar ou não estar internado numa unidade de cuidados continuados e mortalidade, numa população idosa e debilitada.

COEFICIENTE DE CORRELAÇÃO INTRACLASSE

O coeficiente de correlação intraclasse (CCI) é usado para medir a fiabilidade/confiabilidade inter-observadores para dois ou mais observadores. Também pode ser usado para avaliar a fiabilidade/confiabilidade teste-reteste. O CCI pode ser conceitualizado como a a razão entre a variância entre-grupos e a variância total. [72]

COEFICIENTE DE REGRESSÃO (β)

Um parâmetro que indica a alteração ou diferença no resultado (variável Y ou dependente) decorrente da variação ou diferença unitária da variável explicativa (independente ou X). Numa relação linear, representa o declive da linha que relaciona os valores de X com os valores de Y; pode-se testar se este declive é diferente de zero dividindo o parâmetro do declive (β) pelo seu erro-padrão o que é equivalente a um teste-t. [94, 169] Ver também COEFICIENTE BETA (β).

COEFICIENTE GAMA

Medida da correlação entre duas variáveis com escala de medida ordinal. O coeficiente gama de Goodman e Kruskal é um coeficiente pouco sensível a valores extremos, simétrico (a ordem das variáveis não influencia o resultado) e que não exige o pressuposto dos dados seguirem uma distribuição normal. Este coeficiente pode assumir valores entre -1 e +1, sendo que o sinal indica o sentido da correlação e, quando assume o valor 0, significa que as variáveis não estão correlacionadas. É normalmente aplicado para estimar o grau de correlação entre duas variáveis qualitativas com poucas categorias e muitos empates.[3]

COMORBIDADE

Doenças que coexistem numa pessoa com numa determinada condição mas não são a causa nem a consequência dessa condição. A comorbidade (ou comorbilidade) tem repercussão na mortalidade, na utilização de recursos de saúde, nos internamentos e reinternamentos hospitalares e na qualidade de vida relacionada com a saúde ou estado funcional. [226, 259]

COMPARAÇÃO POST-HOC

Consiste numa análise de contrastes não explicitamente planeada no início do estudo, mas que é sugerida após uma análise de dados. Idealmente, esta análise é feita apenas quando é identificado um efeito global nos dados de pelo menos um fator numa variável dependente quantitativa, não tendo sido definidas *a priori* hipóteses sobre as múltiplas comparações a fazer, sob pena de os resultados serem menos credíveis. [74]

COMPETÊNCIAS DE VIDA

Competências pessoais, interpessoais, cognitivas e físicas que permitem que as pessoas controlem e dirijam as suas vidas, e que desenvolvam a capacidade de viverem com e de produzirem uma mudança no seu ambiente. As capacidades de tomada de decisão, resolução de problemas, pensamento crítico e criativo, auto-conhecimento, comunicação, forma de lidar com as emoções, e gestão do *stress* (stresse ou estresse) são competências fundamentais de vida, são blocos para a construção do desenvolvimento de competências pessoais para promoção de saúde. [242]

COMPORTAMENTO DE SAÚDE

Qualquer atividade realizada por um indivíduo com a finalidade de promover, proteger ou manter a saúde, seja ou não tal comportamento objetivamente eficaz para esse fim. [359]

COMPÓSITO

No contexto dos resultados/desfechos de saúde, um resultado/desfecho compósito é formado por vários resultados/desfechos que foram combinados por meio da utilização de um algoritmo pré-definido; considera-se que alguém que tenha reagido a ou experimentado um dos resultados/desfechos também reagiu a ou experimentou o compósito. [16, 94, 315]

COMUNIDADES SOCIALMENTE INTEGRADAS

A medida em que as comunidades oferecem aos seus membros oportunidades para aumentarem os recursos pessoais e familiares, dando-lhes maiores oportunidades de participação ativa na aprendizagem formal. [56]

CONCEITO

Definição global e delimitação do objecto de medição. [72]

CONCORDÂNCIA

Ver ACORDO

CONCORDÂNCIA BRUTA

Medida em que os múltiplos valores atribuídos a um objeto estão exatamente de acordo sobre como esse objecto deverá ser classificado. [112]

CONFORMIDADE

No contexto da investigação, este termo refere-se ao nível de cumprimento dos elementos de um protocolo de investigação por parte dos investigadores e pelos participantes no estudo; relativamente aos participantes no estudo, a conformidade pode ser calculada pela percentagem de casos em que uma medida foi finalizada dividida pelo total de casos possíveis de finalização num dado estudo.

CONFIABILIDADE

Ver FIABILIDADE

CONFIABILIDADE INTEROBSERVADORES

Ver FIABILIDADE INTEROBSERVADORES

CONFIABILIDADE TESTE-RETESTE

Ver FIABILIDADE TESTE-RETESTE

CONFUNDIMENTO

No contexto de um determinado estudo, é uma variável que é associada quer à variável explicativa (fator de exposição) quer à variável resultado/desfecho e que não surge no estudo como variável causal. No contexto da investigação em qualidade de vida, a relação entre os fatores hipoteticamente causais (variáveis explicativas) e a qualidade de vida (resultado/desfecho) pode ser confundida por variáveis que afetam ambos, tais como idade, género/gênero, fatores ambientais, etc.. Se estas variáveis não forem incorporadas no desenho do estudo, a associação estimada pode apresentar viezes. São habitualmente adotadas cinco estratégias para controlar o confundimento: amostra restrita aos indivíduos sem o fator, estratificação com análises específicas por estrato, emparelhamento, aleatorização (se possível) e análise estatística com ajustamentos. [278]

CONSENTIMENTO INFORMADO

Refere-se à exigência de que todos os investigadores expliquem os objetivos, riscos, benefícios, garantias de confidencialidade, e outros aspectos relevantes de um estudo de investigação a potenciais participantes [143] e que todas as pessoas que participam na investigação o façam de forma voluntária, compreendendo o objetivo da investigação, bem como os seus riscos e potenciais benefícios, o mais completa e razoavelmente possível. [133]

CONSISTÊNCIA INTERNA

Ver ALFA DE CRONBACH

CONSISTÊNCIA INTRAOBSERVADOR

Tipo de avaliação da fiabilidade/confiabilidade em que a mesma avaliação é feita pelo mesmo observador em duas ou mais ocasiões. Estas diferentes observações são então comparadas, geralmente por meio de correlação; como o mesmo indivíduo faz ambas as avaliações, as pontuações subsequentes do observador podem ser contaminadas pelo conhecimento das pontuações anteriores. [72]

CONSORT

As normas consolidadas para relato de ensaios (*Consolidated Standards of Reporting Trials*) englobam diversas iniciativas desenvolvidas pelo Grupo CONSORT para a resolução de problemas relacionados com a comunicação inconsistente de resultados de ensaios clínicos randomizados (ECR). A Declaração CONSORT consiste num conjunto mínimo de recomendações para a comunicação de ensaios clínicos randomizados. As recomendações oferecem um método padronizado para relatar resultados do ensaio, facilitando a comunicação completa e transparente, e auxiliando a sua avaliação crítica e interpretação. O uso do formato CONSORT é necessário para artigos publicados nos mais importantes jornais biomédicos. [58]

CONSTRUCTO

Entidade teórica intangível que será operacionalizada em um ou mais itens. Dor, ansiedade e outros sintomas são exemplos de constructos que podem ser descritos de várias maneiras (por ex., frequência, intensidade, duração, características). [295]

CONSTRUCTO FORMATIVO

Ver MODELO CONCEITUAL

CONSTRUCTO REFLEXIVO

Ver MODELO CONCEITUAL

CONSTRUCTOS LATENTES

Constructos que não são diretamente observáveis ou quantificáveis. [232]

CONTEÚDO

Grau em que (os itens de) uma medida parecem ser um reflexo adequado do constructo a medir. [222]

CONTINUIDADE DE CUIDADOS

Grau em que uma série discreta de eventos de cuidados de saúde é sentida como sendo coerente, interligada e consistente com as necessidades médicas e com o contexto pessoal do paciente. Inclui a relação entre um profissional e o paciente que se prolonga para além de episódios específicos de doença ou mal-estar; os dois elementos-chave são os cuidados individualizados ao paciente e os cuidados prestados ao longo do tempo. [141]

CONTROLADO POR PLACEBO

Quando uma substância ou procedimento sem qualquer atividade específica para a condição a ser tratada é utilizada/o como um controle num estudo experimental. [292]

COORTE CONCORRENTE

Ver ESTUDO DE COORTE

COORTE DE INÍCIO

Ver ESTUDO DE COORTE DE INÍCIO

CORRELAÇÃO POLICÓRICA

Ver COEFICIENTE DE CORRELAÇÃO

CRITÉRIO DE INFORMAÇÃO DE AKAIKE

Medida de eficiência relativa AIC (*Akaike's Information Criterion*) usada na modelação estatística para escolher um modelo entre vários modelos alternativos. É definido como AIC=-

$2 \times \ln(L) + 2 \times m$, onde $\ln(L)$ representa o logaritmo do valor máximo da função de verosimilhança do modelo e m representa o número de parâmetros estimados no modelo. O modelo com o menor AIC é considerado o melhor de entre os modelos avaliados. [74]

CRITÉRIO DE INFORMAÇÃO DE BAYES

Medida BIC (*Bayesian Information Criterion*) semelhante ao AIC usada na modelação estatística para se escolher um modelo entre vários modelos alternativos, mas que penaliza mais os modelos de maior dimensão (com mais graus de liberdade) do que o AIC. Esta medida, também conhecida como critério de informação de Schwarz, é definida como $BIC = -2 \times \ln(L) + m \times \ln(n)$, onde $\ln(L)$ representa o logaritmo do valor máximo da função de verosimilhança do modelo, m representa o número de parâmetros estimados no modelo e n representa a dimensão da amostra (número de observações). O modelo com o menor BIC é considerado o melhor de entre os modelos avaliados. [74]

CUIDADO DE SAÚDE CENTRADO NO PACIENTE

Cuidados de saúde que são compassivos, com empatia e dirigidos para a cosmovisão do próprio paciente, bem como para os seus objetivos, preferências, valores e necessidades. [117, 151, 264]

CUIDADOR

Pai/mãe, cônjuge, companheiro/a, filho/a, familiar ou amigo/a que proporciona cuidados regulares e substanciais não remunerados a alguém que está incapacitado, muito doente ou frágil; companheiro/a cuidador/a é geralmente utilizado para referir os cuidadores que são cônjuges ou que desempenham esse papel. [233] Por vezes é também utilizado o termo cuidador/a informal.

CUIDADORES FAMILIARES

Indivíduos que fazem parte do círculo pessoal imediato de uma pessoa com um problema de saúde que deles/as depende para apoio e cuidados. [43]

CUIDADOS DE SAÚDE PRIMÁRIOS

Cuidados de saúde essenciais baseados em métodos e tecnologias práticos, cientificamente sólidos e socialmente aceitáveis, universalmente acessíveis aos indivíduos e famílias na comunidade através da sua participação plena e a um custo que a comunidade e o país podem suportar, de forma a manter a autoconfiança e autodeterminação em todas as etapas do seu desenvolvimento. [339]

CUIDADOS DE SOBREVIVÊNCIA

Fase distinta do cuidado aos sobreviventes de cancro/câncer que inclui quatro componentes: (i) prevenção e deteção de novos cancros/cânceres e recidiva de cancro/câncer; (ii) vigilância da propagação do cancro/câncer, recidiva ou cancros/cânceres secundários; (iii) intervenção para consequências do cancro/câncer e o seu tratamento; e (iv) coordenação entre especialistas e prestadores de cuidados de saúde primários para assegurar que são satisfeitas todas as necessidades de saúde dos sobreviventes. [123]

CUIDADOS INTEGRADOS

Conjunto coerente de métodos e modelos de financiamento, administrativo, organizacional, de prestação de serviços e do foro clínico desenhados para criarem conectividade, ajustamento e colaboração dentro dos e entre os setores de curar e de cuidar. A integração inclui os serviços relacionados com diagnóstico, tratamento, reabilitação e promoção da saúde, com o objetivo de melhorar o acesso, qualidade, satisfação do utilizador e eficiência. [171, 337]

CUIDADOS PALIATIVOS

Cuidados ativos, coordenados e globais, prestados por unidades e equipes específicas, em internamento ou no domicílio, a pacientes em situação de sofrimento decorrente de doença incurável ou grave, em fase avançada e progressiva, assim como às suas famílias, com o principal objetivo de promover o seu bem-estar e a sua qualidade de vida, através da prevenção e alívio do sofrimento físico, psicológico, social e espiritual, com base na identificação precoce e do tratamento rigoroso da dor e outros problemas físicos, mas também psicossociais e espirituais. [261, 335]

CUMPRIMENTO DA MEDICAÇÃO

Por norma é definido como a medida em que o paciente atua em conformidade com o intervalo e a dose que lhe foram prescritos, medidos ao longo de um determinado período e reportados sob a forma de percentagem. Apesar do termo adesão ser muitas vezes preferencialmente utilizado, por denotar um acordo partilhado entre paciente e profissional de saúde, "cumprimento" foi escolhido pela ISPOR (*International Society For Pharmacoeconomics and Outcomes Research*) como termo primário e "adesão" como um sinónimo/sinônimo de utilização semelhante nos serviços de indexação (por ex., MEDLINE, PubMed). [61]

CURVA DE CARACTERÍSTICA DE OPERAÇÃO DO RECETOR

Gráfico ou curva ROC (*Receiver Operation Characteristics*) que representa a taxa de verdadeiros positivos face à taxa de falsos positivos para uma série de valores de limiar num teste ou, por outras palavras, que apresenta graficamente o compromisso entre sensibilidade e especificidade para cada valor de ponto-de-corte. Um ponto-de-corte ideal deverá maximizar a sensibilidade do teste e minimizar a taxa de falsos positivos (isto é, maximizar a especificidade). Do ponto de vista geométrico este é o ponto que se encontra mais próximo do canto superior esquerdo do gráfico (local onde o ponto-de-corte ideal se localiza, aquele que representa 100% de sensibilidade e de especificidade). A escolha do ponto-de-corte ideal depende, em certo grau, do contexto clínico e dos objetivos do teste. A área sob a curva ROC pode ser usada para estimar a capacidade discriminante do teste e, por vezes, expressa a sua precisão. Representa a probabilidade do teste classificar corretamente os pacientes em verdadeiros positivos ou em verdadeiros negativos. Áreas maiores são indicadoras de maior precisão.

Para clarificar melhor, um teste discriminante pode ter uma área sob a curva de 0,7, ao passo que um teste não discriminante tem uma área sob a curva de 0,5. [274] Ver também ÁREA SOB A CURVA.

CUSTO MARGINAL

O custo de produção de uma unidade extra do produto. [84]

CUSTOS DE OPORTUNIDADE

Os benefícios perdidos porque a melhor alternativa não foi selecionada. [130]

CUSTOS DIRETOS

Recursos diretamente utilizados por um programa; custos de saúde diretos incluem o custo dos testes, medicamentos, fornecimentos, pessoal dos serviços de saúde e instalações médicas. [84]

CUSTOS INCREMENTAIS

A diferença nos custos ou nos efeitos de dois ou mais programas em comparação. [84]

CUSTOS INDIRETOS

Termo usado para referir perdas de produtividade. O tempo é um componente dos custos indiretos. [84]

CUSTOS INTANGÍVEIS

Termo usado para descrever as consequências que são difíceis de medir, tais como os custos da dor, do sofrimento e do luto assim como outras consequências não financeiras. [84]

DADOS

Qualquer informação organizada recolhida por um investigador. Pensa-se muitas vezes em dados como sendo estatísticos ou quantitativos, mas também podem assumir muitas outras formas, como transcrições de entrevistas ou de filmes em interações sociais. Os dados não quantitativos, como por exemplo as transcrições ou os filmes, são frequentemente codificados ou traduzidos em números para tornar mais fácil a sua análise. [323]

DADOS OMISSOS

Situação que ocorre com frequência na investigação, quando os participantes no estudo não completam um ou mais componentes de uma avaliação, faltam a uma avaliação, ou estão indisponíveis na altura da avaliação devido a doença ou morte. Um aspecto chave dos dados omissos é se a justificação para a omissão de dados se deve a razões alheias à pessoa, por exemplo falhas no equipamento ou situações climáticas adversas, ou se se deve ao comportamento do participante do estudo. Os dados omissos são uma ameaça para a validade da investigação, porque os participantes com dados completos que "sobrevivem" no fim do estudo podem ser diferentes dos participantes que iniciaram o estudo, e a análise estatística é baseada numa amostra de menor dimensão do que a inicialmente planeada/planejada, reduzindo a potência estatística das análises. Há várias abordagens para tratar o problema dos dados omissos, mas a escolha do método depende do tipo de dados omissos. Porém, a melhor solução para o problema dos dados omissos "é não os ter". [4]

1. DADOS OMISSOS IGNORÁVEIS: dados que faltam de forma aleatória e em que os mecanismos que determinam o processo de omissão de dados não têm qualquer relação com os parâmetros que estão a ser estimados; nestas circunstâncias, não é necessário modelar o mecanismo dos dados omissos como parte do processo de estimação principal, mas são necessárias técnicas especiais para usar esses dados de forma eficiente. [4]

    a. OMISSOS COMPLETAMENTE AO ACASO: hipótese acerca da natureza dos dados omissos. Assume-se que os dados são omissos completamente ao acaso (*Missing Completely At Random* - MCAR) quando os valores em falta na variável dependente (Y) são independentes dos valores de Y ou dos valores de quaisquer outras variáveis na base de dados (X). Quando os dados em falta são MCAR, os indivíduos com dados completos constituem simplesmente uma amostra aleatória extraída do conjunto de observações originais. Estudos que medem certas variáveis apenas para um subconjunto da amostra, por exemplo para reduzir os custos, teriam dados considerados MCAR, bem como estudos com dados omissos por exemplo devidos ao equipamento, ao avaliador ou a erro administrativo. [4]

    b. OMISSOS AO ACASO: assume-se que os dados são omissos ao acaso (*Missing At Random* - MAR) quando os valores em falta na variável dependente (Y) são independentes do valor de Y depois de controlar as outras variáveis na análise. Por exemplo, a hipótese MAR está satisfeita se, numa amostra de pacientes com cancro/câncer, a probabilidade de dados omissos na variável qualidade de vida depender da gravidade dos sinais e sintomas gastrointestinais do indivíduo (sem sintomas, moderados, graves) mas em que, em cada categoria de gravidade, a probabilidade de dados omissos de qualidade de vida é independente da qualidade de vida do indivíduo.

2. DADOS OMISSOS NÃO IGNORÁVEIS: dados que não são MAR e em que o mecanismo que produz a omissão de dados é não ignorável. Nestas circunstâncias pode ser necessário excluir casos. [4]

    a. OMISSOS NÃO ALEATORIAMENTE: dados omissos não aleatoriamente (*Not Missing At Random* - NMAR), isto é, função do valor da variável dependente (Y), por exemplo quando os pacientes estão demasiado doentes ou quando melhoraram consideravelmente e não compareçam para a avaliação. Esta classe de dados omissos deve ser evitada a todo o custo e devemos assegurar-nos de que é recolhida informação explicativa adicional, incluindo dados de outras fontes, tais como *proxies* (por procuração). Estar alerta para esta situação na fase de desenho do estudo assegura que o protocolo é escrito de forma a permitir uma medição adequada e consequente seguimento. [4]

DADOS OMISSOS IGNORÁVEIS

Ver DADOS OMISSOS

DEFICIÊNCIA

Problemas nas funções ou na estrutura do corpo, por exemplo um desvio importante ou uma perda. [338]

DESEMPENHO

Execução de uma tarefa ou atividade no ambiente habitual ao passo que a capacidade de realização é avaliada num ambiente padrão, como uma clínica ou laboratório; terminologia usada pela OMS para definir função e incapacidade no contexto da CIF. [338] Apesar desta definição feita da perspetiva da incapacidade, os termos desempenho ou baseado no desempenho são frequentemente usados para avaliar os resultados que são obtidos fazendo a pessoa "desempenhar" um teste, como o teste de caminhada de seis minutos (6MWT – *six minute walk test*); este tipo de testes são denominados medidas de avaliação de desempenho (PerfOR ou PerfO - *Performance Rated Outcomes*). [102, 197] No quadro da incapacidade, este tipo de teste seria considerado um teste de capacidade, e se a pessoa caminhava na rua, ou à volta da sua casa, seria considerado desempenho. Ver também RESULTADO/DESFECHO DE MEDIDAS DE DESEMPENHO (PerfRO ou PerfO).

DESENHO ADAPTATIVO

Método de planeamento/planejamento no qual a alocação ou a seleção de unidades de amostragem é modificada ao longo do estudo de forma a alcançar um delineamento equilibrado em covariáveis importantes, no âmbito de ensaios ou inquéritos por amostragem. A utilização deste tipo de planeamento/planejamento conduz a uma análise estatística mais complexa, porque exige que se considere uma alocação variável no tempo ou diferentes probabilidades de inclusão ao longo do tempo. [74]

DESENHO CONTROLADO ALEATORIZADO DE COORTE MÚLTIPLA

Desenho em que uma coorte totalmente caracterizada é acompanhada ao longo do tempo fornecendo dados observacionais ricos para a modelação e compreensão das alterações dos resultados/desfechos em saúde; associadas ao estudo de coorte está uma série de protocolos de ensaios que visam resultados/desfechos específicos em subgrupos da população que mais beneficiariam. As pessoas que satisfazem os critérios específicos de intervenção são selecionadas aleatoriamente para receberem a intervenção, e os restantes membros elegíveis da coorte são usados como controle, aumentando a robustez. Este desenho é ideal para testar intervenções múltiplas numa coorte, porque os resultados/desfechos a obter são comuns a todos, com pontos de avaliação fixos no tempo e estratégias harmonizadas para garantir o acompanhamento completo. Além disso, cada intervenção experimental pode ter um certo grau de padronização em termos da definição do respondente e da metodologia estatística, fazendo com que o impacto total dos ensaios seja muito maior do que a soma dos seus componentes individuais. O mais importante é que todos os membros da coorte tenham a oportunidade de receber uma ou mais intervenções, aumentado o envolvimento e reduzindo os dados em falta. [267]

DESENHO CRUZADO

Os participantes são inicialmente aleatorizados em grupos para a terapia "A" ou para a terapia "B" e posteriormente, depois de terem sido observados durante um certo período de tempo numa terapia, são trocados para o grupo da outra terapia. [132]

DESENHO DE PARTICIPANTE (CASO) ÚNICO

Tipo de estudo experimental de um único elemento (indivíduo, instituição ou objeto). Este tipo de estudo é ideal para analisar a mudança de comportamento quando a variabilidade entre os elementos é grande e a variabilidade intraelemento é o objetivo central do estudo. [25]

DESFECHO

Ver RESULTADO/DESFECHO

DESVANTAGEM

Terminologia mais antiga, também denominada *handicap*, que se refere a restrições que uma pessoa tem em desempenhar os papéis da vida; no modelo CIF da OMS, desvantagem é o resultado de uma interação entre o perfil de uma pessoa com incapacidades decorrentes de doença ou trauma e as características ambientais, que podem ter criado obstáculos, sócio-culturais ou físicos, à sua participação ou envolvimento em papéis da vida familiar e/ou oportunidades de emprego, educação, lazer, ou autossuficiência económica/econômica. [116, 338] Ver também CLASSIFICAÇÃO INTERNACIONAL DE FUNCIONALIDADE, INCAPACIDADE E SAÚDE (CIF).

DESVIO PADRÃO

Medida de dispersão de um conjunto de valores calculada como a raiz quadrada do desvio ao quadrado destes valores da sua média. [225]

DETERMINANTES SOCIAIS DA SAÚDE

Condições ou circunstâncias em que as pessoas nascem, crescem, vivem, trabalham e envelhecem, assim como os sistemas implementados para lidar com a doença. Estas condições ou circunstâncias são por sua vez moldadas por um conjunto mais amplo de forças, incluindo económicas, de políticas sociais e políticas. [341]

DÍADA

Dois indivíduos que mantêm uma relação sociologicamente significativa. No contexto da investigação de qualidade de vida, muitas condições de saúde afetam "casais" como uma unidade quando um dos membros tem de desempenhar um papel importante de cuidador ou de apoio, que resulta numa influência recíproca sobre muitos aspectos da qualidade de vida e do bem-estar. A investigação nestas áreas precisa de considerar este fenómeno/fenômeno diádico, de modo a avaliar plenamente o seu impacto.[182, 217]

DIFERENÇA CLINICAMENTE IMPORTANTE (DCI)

Ver MUDANÇA

DIRETIVA ANTECIPADA DE VONTADE

Ver TESTAMENTO VITAL

DISCORDANTE

Termo usado para descrever um par de gémeos/gêmeos, nos quais um gémeo/gêmeo exibe uma determinada característica e o outro não. Também é usado em estudos de caso-controle com amostras emparelhadas para descrever um par cujos membros têm diferentes exposições ao fator de risco em estudo. Apenas os pares discordantes são informativos acerca da associação entre a exposição e a doença. [176]

DISFUNÇÃO

Funcionamento deficiente ou anormal de uma estrutura do corpo; interação dentro de um grupo ou comportamento interpessoal anormal ou pouco saudável. [338]

DISPONIBILIDADE PARA PAGAR

No contexto dos resultados/desfechos em saúde, é a máxima quantia que uma pessoa estaria disposta a pagar de forma a evitar um resultado negativo ou receber um resultado positivo; este termo é frequentemente contraposto a custo real de alguma coisa que, sabe-se, produz um resultado desejado, tal como um medicamento, exame ou procedimento.

DISSEMINAÇÃO

Processo planeado/planejado, concebido para facilitar a adoção da investigação no processo de decisão e na prática, que implica a análise dos destinatários e dos contextos a que se destinam os resultados da investigação e, quando apropriado, a comunicação e interação com audiências mais alargadas associadas à política e sistema de saúde. Envolve a identificação da audiência a que se destina e a adequação da mensagem e do meio de comunicação a essa audiência. As atividades de disseminação podem incluir sumários, sessões de informação, sessões pedagógicas destinadas ao público em geral, a pacientes, a profissionais e/ou decisores políticos, envolvendo os utilizadores do conhecimento no desenvolvimento e realização da disseminação ou do plano de implementação, na criação de ferramentas, e envolvimento dos *media*/mídia. É um elemento chave para a ligação entre investigação e prática ou transmissão do conhecimento. [135, 349]

DIVERSIDADE

A grande variedade de características das pessoas; diferenças de idade, raça, género/gênero, capacidade física, orientação sexual, religião e língua. Tem cada vez mais incluído outras características como antecedentes, experiência profissional, competências e especialização, valores e cultura, e classe social. [233]

DOENÇAS MENTAIS OU DISTÚRBIOS DA SAÚDE MENTAL

Doenças diagnosticáveis que interferem significativamente com a capacidade do processo de pensamento, capacidades sociais, emoções e comportamentos. As doenças mentais são classificadas em várias categorias amplas, incluindo transtornos de humor (por ex., depressão *major*, doença bipolar, distimia), transtornos de ansiedade (por ex., transtornos de ansiedade generalizada, pânico e fobia social), transtornos psicóticos (por ex., esquizofrenia), perda cognitiva (por ex., demência), transtornos por abuso de substâncias (por ex., dependência alcoólica), e transtornos de infância e adolescência (por ex., défice/déficit de atenção, hiperatividade, transtornos de ansiedade infantil). [215, 296]

DOMÍNIO

No contexto da medição, é uma parte do constructo conceitualmente definida; no plano da prática, os domínios representam subescalas de uma medida com pontuações geradas a partir do agrupamento de itens relacionados com esse domínio. A CIF define um domínio como um conjunto prático, significativo e interrelacionado de funções fisiológicas, estruturas anatómicas, ações, tarefas, ou áreas da vida. Sob as categorias atividade e participação da CIF são enumerados nove domínios: aprendizagem e aplicação dos conhecimentos; tarefas e exigências gerais; comunicação; mobilidade; autocuidados; vida doméstica; interações e relacionamentos interpessoais; principais áreas da vida; vida comunitária, social e cívica. [338] Ver também CLASSIFICAÇÃO INTERNACIONAL DE FUNCIONALIDADE, INCAPACIDADE E SAÚDE (CIF).

E

EDUCAÇÃO PARA A SAÚDE

Oportunidades conscientemente construídas para aprender a melhorar a literacia/literamento em saúde, o conhecimento e competências de vida conducentes à saúde individual e a comunidades saudáveis. A educação para a saúde proporciona oportunidades não só para comunicar a informação, mas também para promover a motivação, as capacidades e a confiança (auto-eficácia) necessárias para tomar medidas que permitam melhorar a saúde. [242]

EFEITO CHÃO E EFEITO TETO

Existem quando uma elevada proporção de indivíduos reporta quer o valor mais baixo possível quer o mais alto possível de uma determinada escala. Isso ocorre quando os itens são ou muito difíceis ou muito fáceis para a amostra que está a ser utilizada. Os efeitos chão e teto podem ter impacto sobre a capacidade de detectar a mudança, mas a sua importância dependerá da relevância que a mudança tenha nesses grupos. Por exemplo, os testes de capacidade física podem ser demasiado difíceis para muitas pessoas com problemas de saúde e a grande maioria poderá atingir valores muito baixos. Se não houver interesse em detectar maior deterioração na capacidade de exercício, o efeito chão pode não ser uma consequência. No entanto, uma escala que tem um efeito teto alto, porque os itens são demasiado fáceis de atingir, uma característica de muitas medidas de AVD, terá uma grande proporção de inquiridos a responder na extremidade superior. Mesmo que os indivíduos tenham melhorado, não será detetada qualquer variação positiva. [71] Esta é uma das razões pelas quais o conceito de atividades instrumentais da vida diária foi projetado para refletir problemas tipicamente mais sentidos por pessoas com formas menos graves de deficiência, que vivem livremente na comunidade e precisam de fazer compras, cozinhar e gerir o dinheiro, para além das atividades básicas da vida diária. [211]

EFEITO PLACEBO

O efeito terapêutico, psicológico ou psicofisiológico, não específico produzido por um placebo. [292]

EFEITOS TARDIOS

Efeitos adversos do tratamento do cancro/câncer que aparecem meses ou anos após o tratamento terminar. Os efeitos tardios incluem problemas físicos, mentais e cancros/cânceres secundários. [123] No entanto, esta definição não se aplica apenas a terapêuticas anti-neoplásicas. Qualquer ação de intervenção médica sobre um indivíduo pode resultar em efeitos adversos tardios.

EFETIVIDADE

Medida em que uma intervenção específica, quando implementada na prática, em circunstâncias normais, faz o que se pretende que faça a uma determinada população. Em termos simples, representa o sucesso na prática do que é feito. Distingue-se de eficácia e de eficiência. [259]

EFETIVIDADE RELATIVA

É a razão entre duas estimativas de efetividade, como por exemplo a razão de duas dimensões do efeito. [106, 184]

EFICÁCIA

Medida em que uma intervenção faz mais bem que mal, em circunstâncias ideais. [259] Os resultados ou consequências de uma intervenção em saúde desde um ponto estritamente técnico ou numa situação de utilização ideal (por ex., quando todos os indivíduos aderem à terapêutica). A eficácia diz respeito à coisa certa a ser feita. Distingue-se de efetividade e de eficiência.

EFICIÊNCIA

Medida em que são minimizados os recursos utilizados para fazer uma intervenção específica, cuja eficácia e efetividade são conhecidas. [259] A eficiência consiste em fazer alguma coisa da maneira certa.

ELIMINAÇÃO COMPLETA DE CASOS DEVIDO A NÃO-RESPOSTAS PARCIAIS

É um método usado para lidar com não-respostas parciais que exclui da análise de dados todos os indivíduos (pessoas, empresas ou outros objetos) com dados omissos. Este método pode reduzir de forma significativa a dimensão da amostra usada na análise de dados, se existirem muitas variáveis com uma determinada percentagem, mesmo que muito pequena, de dados omissos em cada uma delas. Este método, também denominado análise de casos com resposta total, é normalmente a opção padrão nos *softwares* estatísticos. [4] Este método de tratamento de não-respostas deve ser evitado.

EMPODERAMENTO

Processo social, cultural, psicológico ou político através do qual indivíduos ou grupos sociais são capazes de expressar as suas necessidades, apresentar as suas preocupações, elaborar estratégias para envolvimento na tomada de decisões e desenvolver uma ação política, social e cultural para satisfazer essas necessidades. Através do processo de empoderamento, as pessoas vêem uma correspondência mais estreita entre os seus objetivos de vida e a forma de os alcançar, bem como uma relação entre os seus esforços e os resultados/desfechos de vida. [242]

ENDPOINT

No contexto da avaliação de uma intervenção, é o resultado/desfecho que permite a avaliação da eficácia ou efetividade; num estudo com intervenção, os *endpoints* podem ser classificados como primários, secundários ou exploratórios. [102]

ENQUADRAMENTO CONCEITUAL

Modelo que representa a relação das variáveis latentes (constructos) com as variáveis de medida. Estes modelos podem ser reflexivos ou formativos. Um modelo conceitual reflexivo é um modelo no qual se admite que os indicadores observados são reflexo da variável latente não observada, enquanto num modelo formativo se admite que a variável latente é formada através de uma combinação dos indicadores observados. A ansiedade é um exemplo de constructo baseado num modelo reflexivo, porque a ansiedade reflete-se nos itens relacionados com pensamentos preocupantes, pânico, ou agitação; se o constructo se alterasse, estes itens também se iriam alterar. Por sua vez, o *stress*/stresse/estresse da vida é um exemplo de um constructo baseado num modelo formativo, uma vez que diferentes experiências de vida "causam" o *stress*, mas se o constructo se alterasse, as experiências em si não se iriam modificar. [72, 101]

ENSAIO ALEATORIZADO POR AGRUPAMENTOS

Estudo de intervenção intencional em que a unidade de aleatorização contém vários indivíduos, como por exemplo comunidades, locais de trabalho, hospitais, escolas, ou consultórios médicos. As dependências entre indivíduos do mesmo agrupamento têm de ser consideradas na determinação do tamanho da amostra e na subsequente análise de dados. A ausência de ajustamento dos métodos estatísticos clássicos para incorporar as possíveis dependências intra agrupamento resultará em estudos com pouca potência que apresentam erros de tipo I artificialmente elevados. [168]

ENSAIO CLÍNICO DE FASE I

A primeira de três fases de estudos que constituem a sequência de experimentação de novos medicamentos criada pelas entidades reguladoras do medicamento antes de serem aprovados para utilização em populações gerais ou específicas. Os ensaios de fase I são estudos farmacológicos pequenos de 20-80 indivíduos, feitos para avaliar os efeitos tóxicos e farmacológicos. [132]

ENSAIO CLÍNICO DE FASE II

A segunda de três fases de estudos que constituem a sequência de experimentação de novos medicamentos exigidos pelas entidades reguladoras do medicamento antes de serem aprovados para utilização em populações gerais ou específicas. Os estudos de fase II são estudos clínicos de 100-200 pacientes feitos para avaliar especificamente a segurança e eficácia de novos fármacos. [132]

ENSAIO CLÍNICO DE FASE III

A terceira de três fases de estudos que constituem a sequência de experimentação de novos medicamentos exigidos pelas entidades reguladoras do medicamento antes serem aprovados para utilização em populações gerais ou específicas. Os estudos de fase III são ensaios em grande escala, muitas vezes multicêntricos, randomizados e controlados, realizados para avaliar a eficácia e segurança de novos medicamentos. [132]

ENSAIO CLÍNICO DE FASE IV

Ensaios de vigilância após comercialização, utilizados para monitorizar os novos medicamentos. São conduzidos após o fármaco ter sido aprovado para utilização pela população. O objetivo da monitorização de fase IV é identificar efeitos adversos, como a carcinogéne/carcinogênese e a teratogénese/teratogênese que, por serem tão pequenos ou pouco frequentes, podem não ser evidentes durante muitos anos, mesmo em ensaios de fase III de grande escala. [132]

ENSAIO CLÍNICO DE NÃO-INFERIORIDADE

Estudo aleatoriamente controlado, no qual o novo tratamento experimental é comparado com um tratamento de controle ativo comprovado, mas o novo tratamento não pode ser superior ao tratamento ativo em termos de eficácia, podendo ser equivalente. Este termo substituiu um termo anteriormente usado, bioequivalência, ou um termo ainda mais antigo, ensaio de equivalência. O objetivo de um ensaio clínico de não-inferioridade é comprovar que o efeito do novo tratamento, quando comparado com o controle ativo, não é inferior a uma certa margem de não-inferioridade pré-indicada. A hipótese nula é que o controle é superior ao grupo de tratamento experimental e a hipótese alternativa é que o grupo experimental não é inferior ao controle. Esta margem de não-inferioridade não pode ser maior do que o menor tamanho do efeito que seja expectável que o fármaco ativo obtenha, de forma fiável/confiável, em comparação com o placebo, no contexto de um ensaio controlado por placebo. [66]

ENSAIO CLÍNICO DE SUPERIORIDADE

Estudo aleatoriamente controlado com o objetivo de mostrar que um tratamento experimental é estatisticamente e clinicamente superior ao tratamento de controle ativo; usado quando o controle por placebo é considerado não ético ou impróprio. A hipótese nula é que o grupo experimental não é diferente do grupo de controle e a hipótese alternativa é que o tratamento experimental é superior. [66]

ENSAIO CLÍNICO RANDOMIZADO (CONTROLADO)

Desenho de um estudo experimental em que os membros de uma população-alvo são distribuídos, por um processo aleatório, a dois ou mais grupos de estudo. Estes grupos são acompanhados ao longo do tempo, em paralelo, e são comparados, no final do estudo, relativamente às metas pré-especificadas. Os ensaios clínicos randomizados têm como objetivo avaliar as intervenções deliberadas, que correspondem muitas vezes a inovações no tratamento. Este tipo de desenho fornece evidências fortes sobre os benefícios ou riscos de um tratamento; o grupo de comparação pode ser um placebo, o tratamento padrão atual (que pode não existir), ou uma alternativa ativa (tal como o exercício *versus* terapia farmacológica), denominado ensaio pragmático. [17]

ENTREVISTA ASSISTIDA POR COMPUTADOR

Método de recolha/coleta de dados que utiliza um computador quer para a apresentação das perguntas quer para inserção direta das respostas. [246]

ENTREVISTAS COGNITIVAS

Entrevistas para examinar os processos cognitivos utilizados pelos entrevistados à medida que passam pelo processo de responder a cada questão ou item de um questionário. Estas entrevistas são essencialmente desenhadas para determinar o quê (significado), como (processo de decisão que leva a escolher uma resposta), quando (período de tempo), porquê (raciocínio que leva a escolher uma resposta), onde (decisões de ponderação), e quem (comparador de referência) que está subjacente à escolha de uma resposta. As técnicas utilizadas incluem "pensar em voz alta" enquanto respondem à questão, sondar alternativas, e parafrasear. O objetivo é assegurar que os entrevistados interpretam e respondem à questão da maneira desejada; este passo é crucial durante a fase de desenvolvimento de uma medida de resultado/desfecho diretamente reportada pelo paciente ou de um questionário. [31, 164, 345] Também utilizado no processo de tradução para assegurar a validade intercultural e outros tipos de validações relacionadas com a tradução. Incluem informação estatística para determinar quantas entrevistas cognitivas são necessárias para identificar a maioria dos problemas com um questionário. [31]

ENVOLVIMENTO DO PACIENTE

Uma estratégia para envolver as pessoas que representam a população em análise e outras partes interessadas no processo de investigação, nomeadamente no desenho, nos critérios gerais de seleção, na melhoria do recrutamento de participantes, na interpretação dos resultados, e/ou na disseminação das principais conclusões. Com a incorporação ativa de perspetivas além das dos investigadores, há mais garantias de que a investigação e os seus resultados serão centrados nos pacientes, relevantes para aqueles que irão usar os resultados da investigação, e que esses resultados podem ser efetivamente disseminados. [118]

EPIDEMIOLOGIA

Estudo da distribuição e dos determinantes de estados de saúde ou de eventos em populações específicas e a aplicação desse mesmo estudo no controle de problemas de saúde. [176]

EPIDEMIOLOGIA SOCIAL

O estudo da saúde e da doença em populações, baseado em informação social, psicológica, económica/econômica e de políticas públicas, e que utiliza essa informação para definir e propor soluções para os problemas de saúde pública. [242]

EQUIDADE

Ausência de diferenças evitáveis ou remediáveis entre populações ou grupos sociais, económica/econômica, demográfica ou geograficamente definidos; assim, a iniquidade em saúde é mais do que desigualdade — seja em determinantes ou resultados/desfechos de saúde, seja no acesso aos recursos necessários para melhorar e manter a saúde —, é também uma falha em evitar ou superar essa iniquidade, que viola as normas dos direitos humanos ou é injusto de outro modo. [334]

EQUIDADE EM SAÚDE

Uma suposição de que as necessidades das pessoas orientam a distribuição das oportunidades de bem-estar; isso implica que todas as pessoas tenham igualdade de oportunidades para desenvolverem e manterem a sua saúde, através de um acesso justo a recursos para saúde. [242]

EQUIVALÊNCIA EM TEMPO

Método de medição de preferências de estados de saúde no qual é pedido aos pacientes que troquem anos de vida num estado de saúde menos que perfeita por uma duração de vida mais curta num estado de saúde perfeita. Denominado em inglês *time-tradeoff* (TTO), considera que a razão do número de anos em saúde perfeita que é equivalente a uma duração de vida mais longa num estado de saúde menos que perfeita determina a medida de preferência por esse estado de saúde. [37, 84, 130]

ERRO ALFA

Probabilidade de cometer um erro de tipo I (por ex., de concluir que dois tratamentos são diferentes quando na realidade não são). [132]

ERRO BETA

Probabilidade de concluir que os grupos não diferem quando na realidade são diferentes (também chamado erro de tipo II). [132]

ERRO DE MEDIÇÃO

Erro sistemático ou aleatório de um valor presente numa medida ou teste que não é atribuível a verdadeiras alterações no constructo em medição. [222]

ERRO DE TIPO I

Conclusão errada de que dois tratamentos diferem, quando na realidade isso não acontece. [132]

ERRO DE TIPO II

Não detectar uma diferença entre os tratamentos, quando na realidade existe. [132]

ERRO PADRÃO

Variabilidade da média da amostra como uma estimativa do valor verdadeiro da média para a população. É igual ao desvio padrão dividido pela raiz quadrada do tamanho da amostra. Pode ser usado para descrever um intervalo dentro do qual podemos dizer, com um dado nível de certeza, que se encontra a verdadeira população. O erro padrão é usado para inferência e não é uma estatística descritiva. Assim, não deve ser referido quando se descrevem os dados observados de uma amostra; o desvio padrão deve ser referido como a estatística descritiva para os dados observados. [146] Em modelagem estatística, é o desvio padrão do parâmetro estimado.

ERRO PADRÃO DA MEDIÇÃO

Medida da distância entre os valores em medições repetidas. É calculado como a raiz quadrada da variância do erro a partir da fórmula do coeficiente de correlação intraclasse (ICC). [2]

E-SAÚDE

É a transferência de recursos de saúde e de cuidados de saúde por via electrónica. Abrange três áreas principais: (i) a entrega de informações de saúde para profissionais de saúde e consumidores de saúde através da Internet e de telecomunicações; (ii) utilização do poder da tecnologia da informação (TI) e mecanismos do comércio electrónico (e-commerce) para melhorar os serviços de saúde pública, por exemplo, através da educação e formação dos trabalhadores de saúde; e (iii) a utilização de práticas de comércio electrónico e negócio electrónico (e-business) na gestão de sistemas de saúde. [334]

ESCALA

Termo muitas vezes usado (erradamente) para referir uma medida ou questionário, quando devia apenas ser usado para descrever as categorias de resposta de um item. [295] Ver também ESCALA DE MEDIÇÃO.

ESCALA DE CLASSIFICAÇÃO

Escala em que a medição dos valores dos estados de saúde é feita pedindo aos participantes para atribuírem um número a várias condições, numa escala numérica (por ex., 0.0-1.0 ou 0-100). O número mais elevado na escala corresponde ao melhor estado de saúde imaginável e o número mais baixo ao pior estado de saúde imaginável. Cada estado de saúde é classificado na escala relativamente aos outros estados e os intervalos entre os estados correspondem à intensidade da preferência entre estados. Ver também ESCALA VISUAL ANALÓGICA, ESCALA DE CLASSIFICAÇÃO NUMÉRICA, ESCALA DE CLASSIFICAÇÃO VERBAL.

ESCALA DE CLASSIFICAÇÃO NUMÉRICA

Escala numérica (*Numerical Rating Scale* - NRS), normalmente entre 0 e 10 (escala com 11 pontos) ou de 1 a 10 (escala de 10 pontos) em que os extremos são designados com, por exemplo, "Sem dor" ou "Com a pior dor imaginável". Pode ser necessário explicar a escala ou mostrá-la em papel ao paciente e este deverá responder indicando um número, sendo nestes casos designada por escala de classificação numérica visual (*Visual* NRS ou VNS). [148]

ESCALA DE CLASSIFICAÇÃO VERBAL

Escala ordinal categórica, em que as opções de resposta são formadas por adjetivos. Por exemplo, para diferentes níveis de dor, a escala de seis categorias VRS-6 utiliza as seguintes opções de resposta: "Sem dor", "dor ligeira", "dor moderada", "dor forte", "dor extrema" e "a pior dor que se possa imaginar". Normalmente estas escalas têm de quatro a sete opções de resposta. Os adjetivos são classificados atribuindo números (0-6) a cada opção de resposta. A escala pode também ser designada Escala Verbal da Dor, Escala de Descrição Verbal e Escala de Descrição Simples. [36]

ESCALA DE MEDIÇÃO

Procedimento usado para exprimir a medida que consiste em criar um continuum onde se posicionam os objetos, de acordo com a quantidade que possuem da característica que estiver a ser medida. Portanto, uma escala de medição representa o intervalo de valores possíveis para uma medição (por ex., o conjunto de possíveis respostas a uma pergunta, o intervalo fisicamente possível para um conjunto de medições biofísicas). Chamam-se discretas ou categóricas as escalas de medição que só podem assumir determinados valores; chamam-se contínuas as que podem assumir qualquer valor, dependendo da precisão do dispositivo de medição. A escala de medição pode ser inerente ao constructo ou criada para efeitos estatísticos ou de interpretabilidade. Ver também COEFICIENTE DE CORRELAÇÃO.

As escalas de medição podem ainda ser classificadas de acordo com o caráter quantitativo da escala; a escolha da análise estatística varia de acordo com a escala de medição (inerente ou designada pelo investigador) do resultado ou variável dependente. As escalas de medição podem ser classificadas de acordo com o caráter quantitativo da escala. Existem quatros escalas principais de medida:

1. ESCALA NOMINAL: escala de natureza classificatória na qual os objetos são classificados em categorias qualitativas mutuamente exclusivas não ordenadas. Por exemplo, as variáveis qualitativas género/gênero, raça, religião e país de nascimento são medidas nesta escala. A medição de características individuais é feita em escalas puramente nominais, pois não há qualquer ordem inerente às suas categorias. Pode considerar-se que uma escala dicotómica/dicotômica (ou binária) é um caso particular da escala nominal, pois os objetos são classificados numa das duas categorias mutuamente exclusivas. Por exemplo, as escalas sim/não e vivo/morto são exemplos deste tipo de escala.

2. ESCALA ORDINAL: escala de natureza classificatória na qual os objetos são classificados em categorias qualitativas ordenadas. Por exemplo, a variável classe social (I, II, III, etc.) é medida nesta escala. Os valores da escala apresentam uma determinada ordem no diz respeito a uma variável, mas as suas categorias são qualitativas na medida em que não há uma distância natural (numérica) entre os valores da escala. Assim é possível medir se um objeto tem mais ou menos de uma característica do que outro, mas não é possível medir

quanto mais tem dessa característica (magnitude da diferença).

3. ESCALA INTERVALAR: nesta escala os valores usados para ordenar os objetos também representam incrementos iguais da característica que esteja a ser medida. Assim, uma determinada distância (intervalo) entre dois valores numa região da escala (por ex., entre 2 e 3) representa a mesma distância entre dois valores de outra região da escala (por ex., entre 6 e 7). A temperatura em graus Celsius ou Fahrenheit e a data de nascimento são exemplos de variáveis medidas neste tipo de escala. Portanto, uma distância numérica igual na escala representa a mesma magnitude da diferença na característica.

4. ESCALA DE RAZÃO (RÁCIO): escala de intervalo com um ponto zero verdadeiro, de modo que faz sentido que razões entre os valores estejam definidas. O peso, a altura, o hemograma, a distância percorrida num determinado período de tempo, o rendimento e os gastos em saúde são exemplos de variáveis medidas numa escala de razão.

ESCALA DE UTILIDADE

Escala que reflete a força das preferências por resultados/desfechos incertos. [300]

ESCALA DE VALOR

Escala de preferências para resultados/desfechos certos ou seguros. [300]

ESCALA INTERVALAR

Ver ESCALA DE MEDIÇÃO

ESCALA VISUAL ANALÓGICA

Uma escala visual analógica (EVA ou VAS do inglês *Visual Analogue Scale*) é um formato de resposta que permite medir avaliações numéricas num continuum. O formato clássico de uma EVA consiste numa linha, com 10 a 20 cm de comprimento, com os extremos etiquetados para indicar que valores representam, onde é pedido aos respondentes para indicarem os seus juízos, valores ou opiniões. As distâncias entre os intervalos devem refletir a opinião dos indivíduos sobre as diferenças relativas entre os conceitos a serem medidos. A linha pode ser horizontal ou vertical. Por exemplo, se se pretender medir a dor pós-cirúrgica, os extremos devem ser etiquetados com "sem dor" e "com a pior dor que se possa imaginar". O respondente deverá marcar com um X o ponto da linha que representa a dor que está a sentir. Quando é feito com lápis e papel, o entrevistador tem de usar uma régua para obter a pontuação/escore EVA. Os formatos tipo EVA, que incluem marcas como as de um termómetro, eliminam a necessidade de classificar à mão. A EVA do EQ-5D é um exemplo de uma EVA com a aparência de um termómetro. [92, 148, 211]

ESCALONAMENTO

Tipo de desenho de estudo aleatorizado, que consiste na aplicação sequencial de uma intervenção aos participantes (indivíduos ou grupos) durante vários períodos de tempo. No final do estudo, todos os participantes receberam a intervenção. Uma característica fundamental é a aleatorização da ordem por que os participantes recebem a intervenção (ver figura). O desenho é particularmente relevante quando se prevê que a intervenção irá trazer mais benefícios do que riscos (a realização de um desenho paralelo, em que alguns participantes não recebem a intervenção não é considerada ética) e/ou quando há problemas de recursos e falta de formação e treino, pelo que nem todos os participantes podem entrar na intervenção ao mesmo tempo. A análise dos dados concentra-se em modelar o efeito do tempo sobre a eficácia de uma intervenção. Este é um dos desenhos adequados para a ciência da implementação ou transferência de conhecimento. [39, 214]

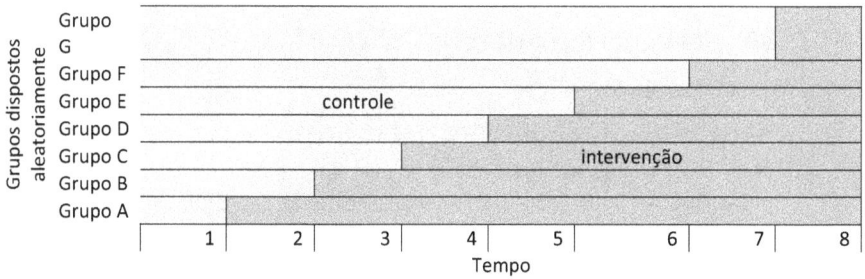

ESCALONAMENTO DE GUTTMAN

Vários itens que medem um constructo unidimensional em que os itens são escolhidos de forma a terem uma ordem hierárquica de dificuldade. [72]

ESCOLHA FORÇADA

Método para evitar o "fortemente concordante" em que os respondentes têm de escolher entre duas opções, ao invés de concordarem com ou discordarem de uma lista de opções. [2]

ESPECIFICIDADE

Proporção de pessoas anteriormente identificadas como não tendo um transtorno específico e que pontua no intervalo negativo (não afetado) num novo teste diagnóstico; também chamada taxa de verdadeiros negativos; 1-especificidade é a taxa de falsos negativos; no contexto de um rastreio, uma maior taxa de falsos negativos (as pessoas são informadas de que podem ter uma doença, quando não têm) é mais aceitável do que uma alta taxa de falsos positivos (pessoas que são informadas de que não têm a doença, quando realmente têm a doença). [47] Ver também SENSIBILIDADE.

ESPERANÇA DE SAÚDE

Uma medida de base populacional da proporção da esperança/expetativa de vida estimada saudável e gratificante, ou sem enfermidades, doença e incapacidades, de acordo com normas e percepções sociais e com padrões profissionais. Os indicadores da esperança de saúde quantificam a extensão em que os indivíduos vivem uma vida sem deficiência, distúrbios e/ou doença crónica/crônica. Dois indicadores são os anos de vida sem incapacidade (*Disability Free Life Years* - DFLY) e os anos de vida ajustados pela qualidade (QALY). Ver também ANOS DE VIDA AJUSTADOS PELA INCAPACIDADE, ANOS DE VIDA AJUSTADOS PELA QUALIDADE.

ESTADO DE CANTO

No contexto da valoração dos estados de saúde, um estado de canto (*corner state*) é o estado de saúde multidimensional em que uma das dimensões se encontra no seu pior nível e todas as outras dimensões no seu melhor nível.

ESTADO DE SAÚDE

A saúde de um indivíduo num qualquer momento específico. Um estado de saúde pode ser modificado pelas deficiências, pelos estados funcionais, pelas percepções e oportunidades sociais, e influenciado por doenças, ferimentos, tratamentos e políticas de saúde. [130]

Descrição e/ou medição da saúde de um indivíduo ou população num determinado momento, utilizando padrões identificáveis. [334]

ESTADO DO RESPONDENTE

Ver BENEFÍCIO DO TRATAMENTO

ESTATÍSTICA BAYESIANA

Tipo de inferência estatística que requer a formulação de uma distribuição de probabilidades para os parâmetros desconhecidos de um modelo estatístico. A distribuição de probabilidades é baseada em informação externa aos dados (denominada distribuição *a priori*), normalmente proveniente de conhecimentos acumulados acerca de situações análogas bem como da intuição ou sensibilidade do investigador, ou ainda proveniente da literatura ou de algum estudo piloto. A distribuição *a priori* é então formalmente atualizada, através da informação incluída nos dados observados, para se obter a distribuição *a posteriori* dos parâmetros desconhecidos. A distribuição *a priori*, que traduz a informação *a priori* sobre os parâmetros, pode ser informativa (em situações em que existe informação *a priori*, por exemplo refletindo as crenças subjectivas do investigador sobre a probabilidade de ocorrência do resultado/desfecho) ou pode ser não-informativa (quando a informação *a priori* é inexistente). [94, 259]

ESTATISTICAMENTE SIGNIFICATIVA

Conclusão baseada num teste estatístico, de que é improvável que o resultado observado tenha ocorrido unicamente por acaso. [145]

ESTIMADOR DE KAPLAN-MEIER

Método não paramétrico usado para criar uma tabela de vida ou de sobrevivência através da combinação de probabilidades calculadas de sobrevivência e de desistência ou censura, de cada vez que um evento ocorre (resultado/desfecho ou desistência); assume-se que a censura ocorre de forma aleatória e que os intervalos de tempo para o cálculo das probabilidades são desiguais porque são determinados pela calendarização de eventos. [176]

ESTRUTURAS DO CORPO

No contexto da CIF da OMS, são as partes anatómicas do corpo, tais como órgãos, membros e seus componentes. [338] Ver também CLASSIFICAÇÃO INTERNACIONAL DE FUNCIONALIDADE, INCAPACIDADE E SAÚDE (CIF).

ESTUDO CLÍNICO

Estudo formal, realizado de acordo com um protocolo definido prospetivamente, que se destina a descobrir ou a verificar a segurança e eficácia de procedimentos ou intervenções deliberadas em seres humanos; a intervenção é muitas vezes uma inovação no tratamento. [201]

ESTUDO DE CASO

Estratégia para realizar investigação social que procura identificar e compreender as questões intrínsecas ao próprio caso, mas em que os casos são escolhidos e estudados por serem considerados úteis para aprofundar o conhecimento de um problema, um conceito, etc., em particular; o objetivo é procurar ao mesmo tempo o que é comum e o que é particular no caso. Esta é a melhor estratégia quando a investigação gira em torno do "como" ou "porquê" num contexto contemporâneo e da vida real, quando o investigador tem pouco controle sobre os eventos a serem estudados, e quando é desejável a utilização de múltiplas fontes de evidência. [288]

ESTUDO DE CASO CRUZADO

Variante observacional do estudo cruzado utilizada para estudar os efeitos agudos de uma exposição que desencadeia um evento. Cada indivíduo é o seu próprio controle na medida em que o tempo do "caso" – o evento – é comparado com o tempo do controle para avaliar a prevalência das exposições que hipoteticamente desencadearam o evento. [259]

ESTUDO DE CASO ÚNICO

Semelhante a séries de estudos de casos, muitas vezes usados em epidemiologia genética para avaliar as relações entre as exposições ambientais e os genótipos; os casos com uma determinada doença ou resultado/desfecho e com uma característica específica são comparados com os casos com a mesma doença, mas sem essa característica. [259]

ESTUDO DE CASO-CONTROLE

Desenho que responde a questões sobre fatores que poderão prevenir ou causar uma condição de saúde ou uma doença. Indivíduos com uma determinada condição de saúde ou doença (casos) são selecionados para serem comparados com uma série de indivíduos sem a condição ou a doença (controles). Casos e controles são comparados no que diz respeito a atributos ou exposições passadas consideradas relevantes para o desenvolvimento da condição ou doença que está a ser estudada. Os fatores subjacentes podem aumentar ou diminuir o risco de doença, e um estudo de caso-controle pode quantificar a alteração de risco associada a cada fator individualmente ou em conjunto. Os termos utilizados nos estudos de caso-controle são muitas vezes mal aplicados. A utilização dos termos "casos" e "controles" é muitas vezes fonte de confusão para metodólogos e leitores. Os clínicos usam bastante as expressões "casos" para se referirem às pessoas com doenças e "controles" para se referirem às pessoas saudáveis que são recrutadas para os estudos com o intuito de proporcionar dados comparativos. Em situações clínicas, as pessoas com a doença (casos) são comparadas com as pessoas sem a doença (controles) em características atuais ou em relação ao desenvolvimento de futuros resultados/desfechos. As principais características de um estudo caso-controle são: (i) a questão a ser respondida é acerca de etiologia e não sobre prognóstico; (ii) os controles são emparelhados com os casos, não são uma amostra paralela ou de conveniência; (iii) a exposição deve preceder no tempo o desenvolvimento da condição que define o caso e não ser uma consequência de ser um caso. Por exemplo, a dieta pode mudar como resultado do desenvolvimento de determinados cancros/cânceres; por isso, a recolha/coleta de informação acerca de hábitos dietários teria de ser relativa ao momento anterior à pessoa se ter tornado um caso. Os estudos de caso-controle são considerados desenhos retrospetivos, já que a exposição deverá ter acontecido antes de o caso se ter tornado um caso. Um tipo particular de estudo de caso-controle é o estudo de caso-controle encaixado em que existe uma coorte subjacente e os casos e os controles surgem desta coorte, sendo que os controles são selecionados no momento em que o caso se tornou um caso. Para ambos os tipos de estudos de caso-controle, pode ser selecionado mais de um controle por cada caso e o controle poderá mais tarde tornar-se num caso, o que faz sentido, se se considerar um estudo de mortalidade: no final, todos os controles irão ser casos. [198, 199, 286]

ESTUDO DE CASO-CONTROLE ENCAIXADO

Estudo de caso-controle incluído num estudo de coorte. Neste tipo de estudo é identificada uma população que é seguida ao longo do tempo. Os dados de referência (de base) são obtidos no momento em que a população é identificada, sendo esta população seguida ao longo de um período de anos. O estudo de caso-controle é então realizado usando uma amostra de indivíduos que contraíram a doença (casos) e uma amostra de indivíduos que não contraíram a doença (controles). A amostra de controles deve ser selecionada da mesma população de indivíduos em risco de doença e deve ter características idênticas às dos casos (ser representativa e comparável). Nota: só depois da doença se ter desenvolvido em alguns indivíduos é que o estudo de caso-controle se inicia. [132]

ESTUDO DE CASO-COORTE

Uma variante do estudo de caso-controle em que os controles escolhidos são da mesma coorte dos casos, independentemente do seu estatuto. Casos (pessoas com a doença ou o resultado/desfecho em análise) são identificados e uma amostra de todo o início da coorte (independentemente do seu estatuto de caso) forma o grupo de controle. Este desenho proporciona uma estimativa da taxa de risco sem assumir a existência de qualquer doença rara. [259]

ESTUDO DE COORTE

Estudo em que o investigador seleciona a população composta por indivíduos expostos e indivíduos não expostos e acompanha todos para os comparar em termos da incidência cumulativa de um resultado/desfecho, como uma doença ou um evento, ou em termos da taxa de ocorrência de um resultado/desfecho ou evento, caso em que o tempo tem de ser parte do denominador, como no número de resultados/desfechos por unidade de tempo-pessoa. [132]

1. ESTUDO DE COORTE DE INÍCIO: tipo de estudo de coorte no qual os indivíduos são identificados num ponto inicial e uniforme durante o desenvolvimento de uma condição de saúde em estudo ou antes da condição de saúde se desenvolver. [176] Certas condições de saúde são propícias a uma abordagem de coorte de início por se manifestarem de forma súbita ou marcante como um AVC, enfarte do miocárdio, acidentes ou ferimentos. Estudos destes tipos de condições que não usam uma abordagem de coorte de início podem introduzir vieses de seleção ou vieses de sobrevivência, na medida em que as pessoas incluídas na coorte não são representativas de todas as pessoas no início da condição de saúde.

2. ESTUDO DE COORTE HISTÓRICO (OU RESTROSPETIVO): comparação entre populações expostas e populações não expostas, em que a exposição é apurada a partir de registos/registros passados ou recorrendo à memória de eventos passados e o resultado/desfecho (desenvolvimento ou não da doença) é apurado no momento em que o estudo se inicia; o termo coorte histórica é preferível quando a informação sobre a exposição no passado é obtida a partir de dados históricos em vez de se basear na memória. [132]

3. ESTUDO DE COORTE PROSPECTIVO: estudo que é usado para identificar as causas de eventos ou de condições de saúde; a população é reunida no início do estudo e os participantes são acompanhados de forma simultânea ao longo do tempo até ao ponto em que a doença se desenvolve ou até que o estudo acabe; no final do estudo, a taxa ou

risco do resultado/desfecho nas pessoas portadoras do fator em estudo é comparada com a taxa ou risco das pessoas sem esse fator; este tipo de estudo permite contabilizar a pessoa-tempo em observação e utilizar esta informação como o denominador para as estimativas de taxas. Embora qualquer estudo que acompanhe as pessoas longitudinalmente, ao longo do tempo, seja por vezes classificado como um estudo de coorte, um termo mais correto para estes estudos, quando não são de base populacional e não estão preocupados com a etiologia mas talvez com o diagnóstico, é estudo longitudinal. [132]

ESTUDO DE DESMANTELAMENTO

Desenho ou análise multi-atributo que permite o isolamento de cada um dos diferentes componentes de uma intervenção efetiva para determinar qual dos componentes ou ingredientes é responsável pelo efeito ou resultado/desfecho. [271]

ESTUDO DE PREVALÊNCIA

Ver ESTUDO TRANSVERSAL

ESTUDO EM PAINEL

Combinação de métodos de corte transversal e de coorte em que o investigador realiza uma série de análises de corte transversal aos mesmos indivíduos ou à amostra do estudo. Esta metodologia de estudo permite que alterações numa variável sejam relacionadas com alterações em outras variáveis. [338]

ESTUDO LONGITUDINAL

Ver ESTUDO DE COORTE PROSPECTIVO

ESTUDO PILOTO

Teste em pequena escala de metodologias e procedimentos que irão ser usados numa escala maior, se o estudo piloto mostrar que essas metodologias e procedimentos podem funcionar. Neste contexto, "capacidade de funcionamento" diz respeito aos processos e também à obtenção de uma estimativa da medida em que o grupo de intervenção muda (potencial para a eficácia), pois que, se não for observada nenhuma mudança, então talvez não seja aconselhável seguir o caminho de intervenção proposto. Um estudo piloto não testa hipóteses, mas é sempre vantajoso ter um grupo de controle (mesmo que não haja intenção de fazer uma comparação entre grupos), pois é sabido que "nada melhora tanto a aparência de uma intervenção como a ausência de um grupo de controle". Os estudos piloto tendem a sobreestimar os efeitos da intervenção devido a um fenómeno/fenômeno a que Cronbach chamou "viés de super-realização", e que se refere a uma relação entre a dimensão da amostra e a dimensão do efeito. Em estudos em pequena escala é mais fácil conseguir criar e implementar processos ideais do que em estudos em grande escala, o que conduz a resultados com maiores dimensões do efeito nesses estudos, porque cada participante recebe mais atenção do que aquela que lhe pode ser dada em estudos maiores. [27, 62, 93, 94, 107, 180, 259, 284]

ESTUDO TRANSVERSAL

Estudo em que tanto a exposição quanto o resultado/desfecho são determinados simultaneamente para cada participante, dando uma imagem da população num determinado momento no tempo. É útil para estimar a prevalência de um resultado/desfecho, bem como as associações entre exposições e resultados/desfechos, mas não pode ser usado para inferir causalidade. [132]

ETIOLOGIA

Ver CAUSA NECESSÁRIA, CAUSA SUFCIENTE

ETNICIDADE

Um sentimento de identidade cultural e histórica baseado na pertença, por nascimento, a um grupo cultural distinto. [233]

ETNOGRAFIA

Forma de pesquisa qualitativa que é o processo e o produto da descrição e interpretação do comportamento cultural; neste contexto, o trabalho de campo, realizado através de observação participativa, é um processo através do qual conhecemos uma cultura, e o produto é um texto escrito que retrata a cultura que em si própria não é visível ou palpável, mas é construída pelo processo de escrita etnográfica. É uma espécie de fenomenologia orientada para descrever a experiência da vida quotidiana, da forma como ela é internalizada na consciência subjetiva dos indivíduos numa tentativa contínua de situar encontros específicos, eventos e entendimentos num conteúdo mais completo e significativo. [74, 288]

EUDAIMÓNIA/EUDAIMÔNIA

Componente do bem-estar que inclui ter sentimentos sobre propósito na vida, crescimento pessoal, relações positivas com os outros, domínio sobre os fatores ambientais, auto-aceitação, e autonomia. [282]

EVIDÊNCIA

Ver HIERARQUIA DE EVIDÊNCIA

EXACERBAÇÕES

Episódios clínicos caracterizados por uma mudança preocupante em relação ao estado anterior do paciente. As exacerbações são cada vez mais consideradas resultados/desfechos importantes a medir em ensaios clínicos de doenças caracterizadas por funções periódicas da atividade da doença, como a asma, DPOC, esclerose múltipla e artrite reumatóide. [265] Podem ser quantificadas por meio de taxas de recidiva anual.

EXATIDÃO

Grau de conformidade com uma medida padrão; refere-se a propriedades de medida de entidades biológicas (biópsias, ensaios, etc.). No contexto de medição de constructos, exatidão refere-se à falta de erro relativo. Quando não há um padrão-ouro ou nenhum valor verdadeiro, este termo é confundido com validade. [94, 259, 306]

EXERCÍCIO FÍSICO

Todas as atividades físicas planeadas, estruturadas, de repetição, e intencionais que pretendem melhorar ou manter a forma física. [7, 205]

EXTROVERSÃO

Um dos "cinco grandes" traços de personalidade, refletindo diferenças individuais na tendência para ter uma visão relativamente positiva do mundo e experimentar mais afeto positivo. Os extrovertidos são comumente descritos como ousados, assertivos, enérgicos e faladores. Foi demonstrado que a extroversão permite prever com segurança o consumo de álcool, a popularidade, a participação em festas, a diversidade de namoros e o exercício. [254, 350] Ver também MODELO DE CINCO FATORES DE PERSONALIDADE.

F

FADIGA

Sintoma clinicamente relevante, caracterizado pela dificuldade em iniciar ou manter atividades voluntárias; distingue-se da noção leiga de cansaço. [51] Percepção de fadiga e cansaço são dois componentes da fadiga que têm diferentes causas, manifestações e impactos na vida. [170] Não existe uma taxonomia única que mereça concordância para classificar a fadiga. Os seguintes termos são utilizados na literatura, embora de forma inconsistente, para referir fadiga. A complexidade do conceito de fadiga representa um desafio para a sua medição. Ver também SINTOMA.

1. FADIGA FISIOLÓGICA: resultado normal da atividade motora que ocorre se o exercício continuar até ao ponto em que o glicogénio/glicogênio muscular se esgota. É comumente medida através de testes fisiológicos e de desempenho dos músculos. [51, 205] Fadiga fisiológica é apenas um dos componentes que afetam o início ou a manutenção de atividades voluntárias (produção de trabalho), que também é influenciado por fatores cognitivos e sensoriais, percepção de esforço, motivação e incentivos, e também por fatores homeostáticos (endócrinos e autónomos/autônomos) e pelos ambientes externos (por ex. a temperatura). [51]

2. FADIGA PATOLÓGICA: sentimento alargado de fadiga normal (fisiológica) que pode ser induzido por mudanças numa ou mais variáveis que regulam a produção de trabalho. Na presença de doença, a fadiga pode desenvolver-se devido à dissociação entre o nível de *input* interno (motivacional e límbico) e o nível de esforço percebido relativo ao empenhamento numa tarefa ou atividade. Quando há perda de interesse e motivação, como numa depressão, a sensação subjetiva de fadiga é gerada principalmente como resultado do *input* interno reduzido. [51]

3. FADIGA PERIFÉRICA: fadiga muscular causada por distúrbios musculares e da junção neuromuscular; muitas vezes o restabelecimento, pelo menos parcial, surge com o repouso. [51, 205]

4. FADIGA CENTRAL: muitas vezes usada como sinónimo/sinônimo de percepção de fadiga, é uma sensação de exaustão constante que normalmente não melhora com o repouso. A fadiga central é regulada por ligações cerebrais associadas com a excitação e contração, sistemas reticular e límbico, e gânglios basais. Lesões nessas ligações provocam a deterioração e oscilação da gravidade da fadiga sob estímulos fisiológicos e psicológicos que produzem a percepção de fadiga física e mental. Os mecanismos de fadiga central alteram-se com anomalias no metabolismo da glicose e mudanças no fluxo sanguíneo cerebral. [51]

5. FADIGA MENTAL: componente cognitivo da fadiga central, caracterizado pela incapacidade de manter a concentração e de suportar tarefas mentais. É avaliada medindo a deterioração no desempenho cognitivo através de testes de processamento cognitivo administrados ao longo do tempo (normalmente várias horas). [51]

6. FADIGA RELACIONADA COM O CANCRO/CÂNCER: cansaço anormal e permanente que ocorre perante cenários de cancro/câncer ou tratamentos do cancro/câncer; descrito como esmagador, interfere com a vida quotidiana e nem sempre é aliviado pelo repouso.

7. FADIGA CRÓNICA/CRÔNICA: não sendo uma entidade clínica, exceto no contexto da síndrome da fadiga crónica/crônica, é definida como uma fadiga incapacitante com uma combinação de sintomas que devem ser persistentes ou recidivantes durante seis meses ou mais e afetar as atividades da vida diária. Além da fadiga ser diagnosticada em associação com a síndrome, as pessoas devem reportar pelo menos quatro dos seguintes sintomas: dificuldades de memória e/ou de concentração, dores de garganta, gânglios linfáticos cervicais e/ou axilares sensíveis, dores musculares, dores articulares múltiplas, dores de cabeça não habituais, sono não reparador e mal-estar pós-esforço. [53, 124, 360]

8. FADIGA DA ESCLEROSE MÚLTIPLA: impedimento grave e frequente do funcionamento físico sustentado, muitas vezes de aparecimento súbito, de recuperação lenta, precipitado ou acentuado pelo calor e/ou humidade/umidade, levando a um estado sustentado ou crónico/crônico que nem sempre é correlacionado com outros sintomas de esclerose múltipla. [172]

FALÁCIA ECOLÓGICA

Viés que pode ocorrer porque uma associação observada entre variáveis a um nível agregado não representa necessariamente a associação que existe ao nível individual. Na investigação sobre resultados/desfechos em saúde, este tipo de viés pode surgir por exemplo se dados agregados, eventualmente recolhidos através de um inquérito aplicado à população, sobre a percepção da saúde ou qualidade de vida, se encontram associados a outra variável agregada como o consumo de frutas e vegetais, horas de luz solar, ou qualidade da água, etc., e são sugeridas relações causais. A falácia é que esta relação pode não se verificar quando se associam estatisticamente dados individuais sobre qualidade de vida a dados individuais sobre consumo de fruta, vegetais, ou água com diferentes níveis de qualidade. [138, 176]

FATOR AMBIENTAL

No contexto da saúde, os fatores que integram o ambiente físico, social e atitudinal em que a pessoa vive e que orientam a sua vida. [338]

FATOR DE RISCO

Qualquer fator social (por ex., violência doméstica), económico/econômico (por ex., pobreza), biológico (por ex., herdar um gene de cancro/câncer de mama), comportamental (por ex., fumar) ou ambiental (por ex., poluição, más condições de habitação) que está associado ao ou que pode causar um aumento do risco de ocorrência de uma determinada doença, lesão, ou falta de saúde física ou mental.

FATOR NECESSÁRIO

Aquele que tem de estar presente para que um resultado seja observado, no contexto de uma inferência causal. Dizer que o fator é "necessário mas não suficiente" significa que o fator necessário não pode atuar por si só para produzir um resultado. [278]

FATORES DE CONTEXTO

Variáveis de grupo ou de nível macro que têm influência na determinação de doenças nas populações. [122]

FELICIDADE

Considera-se que a definição que Aristóteles (384 a.C.-322 a.C.) dá de eudemonia/

eudemônia como o mais elevado de todos os bens alcançáveis pela ação humana [13] é a de felicidade. Este ponto de vista eudemónico/eudemônico é que a 'vida boa' se consegue através da maximização do potencial e não apenas através da procura do prazer (hedonismo). [157] Na psicologia, a felicidade é operacionalizada como o alcance de um equilíbrio entre um afeto positivo e um negativo. [283] A palavra inglesa "happiness" remonta ao século XIV, tendo derivado da palavra "hap" que significa sorte ou acaso. Apesar da palavra 'hap' já não ser usada, 'hapless' sobreviveu e significa infeliz. O ser feliz foi considerado primeiro como ser favorecido pela sorte, mas no século XVI passou a significar prazer. [250]

Jean-Jacques Rousseau (1712-1778) defendia que o ser humano era, originalmente, feliz, mas que o advento da civilização tinha destruído esse estado original de harmonia e, para se recuperar a felicidade original, a educação do ser humano deveria objetivar o retorno deste à sua simplicidade original. [235] Auguste Comte (1798-1857) considerava que a ciência e a razão eram os elementos que deveriam nortear o ser humano na busca da felicidade e que esta seria baseada no altruísmo e na solidariedade entre todos os seres humanos, formando a chamada "religião da humanidade". Karl Marx (1818-1883) defendeu o estabelecimento de uma sociedade igualitária, sem classes, como elemento fundamental para se atingir a felicidade humana e Sigmund Freud (1856-1939) considerava que todo o ser humano é movido pela busca da felicidade, através do que ele denominou "princípio do prazer". Por fim, a economia do bem-estar defende que o nível público de felicidade deve ser usado como suplemento dos indicadores económicos/econômicos mais tradicionais, como o produto interno bruto e a inflação, entre outros.

A felicidade tem sido tema permanente e foi incorporada na Constituição norte-americana, mas como Benjamin Franklin (1706-1709), fundador dos Estados Unidos, apontou, "a Constituição apenas garante ao povo americano o direito de procurar a felicidade. Cada um tem de a atingir por si próprio". O escritor e político Inglês, Joseph Addison (1672-1719), fez uma sugestão de como fazer esta procura, lembrando que "três grandes fundamentos da felicidade nesta vida são: ter algo para fazer, algo para amar, e algo para esperar".

A felicidade é um tema constante na cultura popular, imortalizada através da música e do cinema, e tem sido objeto de várias definições. "A felicidade é uma arma quente" é o título de uma canção de 1968, escrita por John Lennon e lançada no Álbum Branco dos Beatles. No musical de 1967, a personagem dos Peanuts, Charlie Brown, define a felicidade como "qualquer um e qualquer coisa que é amada por si". Por fim, felicidade é o título de uma música de Tom Jobim onde "a felicidade é como a pluma que o vento vai levando pelo ar, voa tão leve, mas tem a vida breve, precisa que haja vento sem parar".

Felicidade, tal como outros constructos importantes relacionados com o bem-estar, é específica de cada cultura. Nas sociedades ocidentais, é maioritariamente/majoritariamente definida como eudemonia/eudemônia e hedonismo. Nas sociedades orientais, é definida como o estado mais elevado do ser que se pode alcançar no futuro. O ponto de vista ocidental mais popular inclui o conceito de ser amado e amar. Em conclusão, felicidade é considerado um estado positivo de bem-estar como consequência de fazer o bem, de ter prazer nas circunstâncias atuais e nos relacionamentos amorosos, e de esperança. Não se pode ter felicidade sem o saber, ou seja, a definição de felicidade do ponto de vista individual. De uma perspectiva global, o Relatório Mundial da Felicidade [357] identifica seis fatores que refletem a felicidade na prespectiva de um país: Produto Interno Bruto (PIB) *per capita*, anos de esperança/expetativa de vida com saúde, apoio social (medido como tendo alguém com quem contar nos momentos difíceis), confiança (medida pela percepção de ausência de corrupção no governo e negócios), percepção de liberdade para tomar decisões sobre a vida, e generosidade (medida pelas doações recentes, ajustadas às diferenças dos rendimentos).

FENOMENOLOGIA

Filosofia complexa e multifacetada que defende que o conhecimento legítimo advém de uma cuidadosa descrição da experiência consciente comum da vida quotiana (denominada vida-mundo) através de uma descrição das "coisas" tal como as conhecemos através da percepção (audição, visão, etc.), acreditando, lembrando, decidindo, sentindo, julgando, avaliando, etc.; esta filosofia desafia a abordagem do realismo científico, segundo a qual o conhecimento legítimo genuíno só pode advir de "coisas" ou de "o que é", e que se centra no conhecimento, através do significado das "coisas". [288]

FERRAMENTA

Ver INSTRUMENTO

FIABILIDADE

O grau em que as pontuações dos objetos da medição (pessoas ou entidades biofísicas) que não sofreram alterações, são as mesmas em medições repetidas sob condições diversas: por exemplo, usando diferentes conjuntos de itens das mesmas medidas PRO (consistência interna), ao longo do tempo (teste-reteste), por pessoas diferentes na mesma ocasião (interavaliadores) ou pelas mesmas pessoas (sejam avaliadores ou respondentes) em diferentes ocasiões (intra-avaliador). É expressa como a proporção entre a variância total das medições decorrentes de "verdadeiras" diferenças entre os objetos de medida, onde a variância total consiste na variação real (a variação de interesse) e a variação do erro (que inclui os erros aleatórios, bem como o erro sistemático). A fiabilidade/confiabilidade é muitas vezes usada como sinónimo/sinônimo de reprodutibilidade, estabilidade, consistência ou concordância, reconhecendo-se que estes termos podem não estar a ser definidos de uma forma igualmente precisa. [76, 222, 306]

FIABILIDADE INTEROBSERVADORES

Medida em que dois ou mais observadores, que avaliaram independentemente um grupo estável de pessoas sob condições idênticas, concordam com as pontuações. [176]

FIABILIDADE TESTE-RETESTE

Forma de estimar a fiabilidade/confiabilidade de uma escala, é administrar essa escala em duas ocasiões diferentes aos mesmos indivíduos, sendo depois essas pontuações avaliadas em termos da sua consistência. Este método de avaliação da fiabilidade/confiabilidade é adequado, apenas se o fenómeno/fenômeno que se pretende medir é reconhecidamente estável dentro do intervalo entre as avaliações. Se o fenómeno/fenômeno a medir tem variações substanciais no tempo, então o paradigma do teste-reteste pode alterar a fiabilidade/confiabilidade de forma significativa. Quando se usa a fiabilidade/confiabilidade teste-reteste, o investigador tem de ter em conta a possibilidade destes efeitos práticos, que podem alterar artificialmente a sua estimativa. [72, 230]

FIDELIDADE

Adesão ao tratamento prescrito e aos padrões de competências ou capacidades estabelecidos. No contexto da investigação sobre qualidade de vida, muitas das intervenções que visam diretamente a qualidade de vida são difíceis de aplicar de forma consistente, mesmo no âmbito da investigação, e podem variar conforme o profissional, o local e o tempo. Neste contexto, medir a fidelidade será uma importante forma de identificar vieses e/ou variabilidade. [115, 287]

FLUXO

Estado mental de elevada concentração e imersão no que se está a fazer – atividades relacionadas com arte, jogo e/ou trabalho –, estado esse em que as pessoas se sentem felizes e satisfeitas; o fluxo é alcançado mais facilmente quando há um equilíbrio entre o desafio da tarefa e as capacidades do seu executante, e os melhores resultados são alcançados quando o nível de perícia e de desafio são elevados; por vezes chamado "estar focado". [64] Quando se encontram num estado de fluxo, os indivíduos tornam-se praticamente "parte da atividade" que estão a executar e a consciência é focada totalmente na atividade em si.

FLUXO DE CUIDADOS INTEGRADOS

Ferramenta e conceito que incorpora na prática clínica diária e para o uso individual as diretrizes, os protocolos e as melhores práticas localmente consideradas, baseadas em evidências, e centradas na pessoa. [233]

FORMA FÍSICA

Ver CAPACIDADE DE EXERCÍCIO

FORTEMENTE CONCORDANTE

Tendência dos entrevistados para concordarem em vez de não concordarem com declarações como um todo, ou com o que parece serem as respostas socialmente desejáveis para a questão, também chamado viés por aquiescência. [2] Ver também VIÉS POR AQUIESCÊNCIA.

FORTEMENTE DISCORDANTE

Ver FORTEMENTE CONCORDANTE e VIÉS POR AQUIESCÊNCIA.

FRAGILIDADE

Característica relacionada com a saúde que está associada com o aumento da idade, juntamente com a incapacidade e a comorbidade; fragilidade é o resultado de problemas de saúde que subjugam as reservas fisiológicas, psicológicas e sociais de uma pessoa mais velha, deixando-a vulnerável ao declínio funcional. [89, 119]

FUNÇÃO

Termo genérico que engloba todas as funções do corpo, atividades e participação; aspectos positivos da incapacidade; terminologia no quadro CIF da OMS. [338] Ver também CLASSIFICAÇÃO INTERNACIONAL DE FUNCIONALIDADE, INCAPACIDADE E SAÚDE (CIF).

FUNÇÃO SOCIAL

As ações e tarefas necessárias às interações básicas e complexas com pessoas de uma forma contextual e socialmente apropriada; a função social está relacionada com o apoio social, porque uma pessoa que seja socialmente funcional provavelmente terá um forte sistema de apoio social local que poderá ser usado como um mecanismo de adaptação. [338]

FUNCIONAMENTO DIFERENCIAL DE ITENS

Também chamado DIF (*Differential Item Functioning*), é a característica específica dos itens de teste que faz com que estes funcionem de modo distinto para diversos grupos de pessoas, tais como diferentes grupos étnicos ou grupos com variadas situações socioeconómicas/econômicas. Como resultado do DIF, indivíduos com o mesmo valor da variável latente, têm diferentes probabilidades de resposta, dependendo do grupo a que pertencem. [323]

FUNÇÕES DO CORPO

No contexto da CIF da OMS, são as funções fisiológicas dos sistemas orgânicos (incluindo as funções psicológicas). [338] Ver também CLASSIFICAÇÃO INTERNACIONAL DE FUNCIONALIDADE, INCAPACIDADE E SAÚDE (CIF).

G

GENERALIZAÇÃO

A capacidade de generalizar os resultados do estudo, para além da população-alvo, a todos os membros da população ou a pessoas com a condição de saúde em questão; por vezes também chamada validade externa. Um desafio comum na investigação é alcançar um equilíbrio entre vieses (validade interna) e generalização. Os ensaios clínicos randomizados são desenhos que geralmente se concentram em reduzir vieses e podem, como consequência, ter uma generalização limitada. [132]

GÉNERO/GÊNERO

As interpretações culturais associadas às categorias sociais masculino e feminino. Ver também SEXO.

GESTÃO DE CASO

Processo pelo qual um profissional de saúde gere ativamente e toma parte nos cuidados de saúde, ao oferecer, entre outros, a continuidade dos cuidados, a coordenação e um plano de cuidados personalizados para as pessoas vulneráveis em maior risco devido a inúmeras condições prolongadas e a necessidades complexas. [233]

GRADIENTE SOCIAL EM SAÚDE

Percorre todo o espectro socioeconómico/socioeconômico, do topo até à base, onde os mais pobres entre os pobres, em todo o mundo, têm a pior saúde. Este é um fenómeno/fenômeno global, detectável em países de rendimentos baixos, médios ou altos. Dentro de cada país, a evidência mostra que, em geral, quanto mais baixa for a posição socioeconómica/socioeconômica da pessoa pior será a sua saúde. [341]

GRUPO FOCAL

Forma de entrevista em grupo que valoriza a comunicação entre investigadores participantes de forma a gerar dados; a interação é usada explicitamente como parte do método. [167]

H

HIERARQUIA DE EVIDÊNCIA

No contexto da prática baseada em evidência, refere-se à classificação da potência que a evidência assume nos benefícios do tratamento. Note-se que a ausência de evidência não é o mesmo que evidência contra uma intervenção de saúde.

1a Meta-análise de ensaios clínicos controlados e randomizados (ECR)

1b ECR individual de grande qualidade com intervalos de confiança estreitos

2a Meta-análise de estudos de coorte

2b Estudo de coorte individual (incluindo ensaio clínico randomizado de baixa qualidade; por ex., <80% de seguimento)

3a Meta-análise de estudos de caso-controle

3b Estudo de caso-controle individual

4. Séries de casos (e estudos de coorte e caso-controle de baixa qualidade)

5. Opiniões de especialistas sem avaliação crítica explícita, ou baseados em fisiologia, investigação em laboratório ou "princípios fundamentais"

6. Não existe ainda evidência. [47]

HIPÓTESE CONFIRMATÓRIA

Hipótese para a qual um determinado estudo foi projetado e desenvolvido para a testar. Distingue-se das hipóteses explicativa e exploratória, que também podem ser testadas usando dados decorrentes do estudo. [97]

HIPÓTESE DE DOENÇA RARA

Pressuposto de que a doença ou o resultado/desfecho em estudo são raros na população estudada. Esta hipótese deve ser cumprida para estimar de forma válida o parâmetro desejado. Por exemplo, só quando a doença é rara é que a prevalência P se aproxima do valor da taxa de incidência I multiplicada pela duração média D da doença (P=I×D). A razão das chances (OR do ingês *odds ratio*) é aproximadamente igual à razão da taxa de incidência (IRR) ou risco relativo (RR) sob a hipótese de doença rara, a menos que a incidência da densidade da amostra seja usada como em estudos caso-controle. Em estudos epidemiológicos, os resultados/desfechos são considerados raros, se ocorrerem em menos de 2% da população. A regressão logística é usada para analisar os dados que são binários e essa análise produz o OR, embora o RR seja geralmente o parâmetro significativo. Quando o resultado/desfecho não é raro, o OR vai sobre/super-estimar o RR. Não existe problema em usar o OR mas tem de ser interpretado como um OR e não como um RR. [176]

HIPÓTESE EXPLICATIVA

No contexto de um estudo sobre a eficácia ou efetividade de uma intervenção, alguns dados recolhidos permitem explicar processos subjacentes à obtenção do resultado. A inclusão e o teste destas hipóteses explicativas não afetam a potência do estudo para testar o efeito principal (hipótese confirmatória). [96]

HIPÓTESE EXPLORATÓRIA

No contexto de um estudo de avaliação da eficácia ou efetividade de uma intervenção, alguns dados recolhidos permitem explicar o impacto da intervenção noutros resultados/desfechos, que podem ser colaterais ou decorrentes do principal resultado/desfecho. A inclusão e o teste desta hipótese exploratória não afeta a potência do estudo para testar o efeito principal (hipótese confirmatória). [96]

HOSPITAL PROMOTOR DE SAÚDE

Hospital que não só providencia serviços médicos e de enfermagem abrangentes e de elevada qualidade como também desenvolve uma identidade institucional que incorpora objetivos de promoção de saúde. Esses hospitais tomam iniciativas para promover a saúde dos seus pacientes, dos seus profissionais e da população abrangida pela zona geográfica em que se inserem. [333]

IDADISMO

Discriminação contra pessoas, ou tratamento injusto, com base na sua idade. [233]

IDENTIDADE DE GÉNERO/GÊNERO

Auto-definições de masculino e feminino em termos do que é a norma cultural ou homem ou mulher ideal; a relação psicológica de uma pessoa com as categorias sociais masculino e feminino

IMPUTAÇÃO

Procedimento de 'preencher' os dados omissos com valores plausíveis, é uma abordagem atrativa para analisar dados incompletos. Aparentemente resolve o problema dos dados omissos no início da análise. Contudo, um método não robusto e duvidoso de imputação de dados pode gerar mais problemas do que aqueles que resolve, distorcendo estimativas, erros padrão e testes de hipóteses. [187] Ver também IMPUTAÇÃO MÚLTIPLA.

IMPUTAÇÃO MÚLTIPLA

Técnica de imputação baseada em modelos, usando a simulação de Monte Carlo, que substitui cada dado omisso por um conjunto de m > 1 valores possíveis. A imputação múltipla cria m versões do ficheiro/banco de dados completo, sendo cada uma dessas versões analisada com base em métodos estatísticos tradicionais usados para dados completos. Depois, os resultados obtidos em cada uma das m análises são combinados, de forma a serem produzidas estimativas globais dos parâmetros (média, total, proporção, variância, erro-padrão), as quais incorporam a variabilidade devida às não-respostas (dados omissos). [279]

INCAPACIDADE

Termo genérico que inclui deficiência, limitação de atividades ou restrição de participação; aspectos negativos da funcionalidade; terminologia no modelo teórico CIF da OMS. [338] Ver também CLASSIFICAÇÃO INTERNACIONAL DE FUNCIONALIDADE, INCAPACIDADE E SAÚDE (CIF).

INCIDÊNCIA

O número de novos casos de uma doença que ocorre durante um período de tempo específico numa população em risco de desenvolver essa doença. [132]

INDICADOR CAUSAL

Na avaliação da validade estrutural de um indicador de resultados/desfechos, tal como qualidade de vida ou qualidade de vida relacionada om a saúde, utilizando modelos de equações estruturais, indicadores causais, tais como sintomas físicos ou efeitos secundários de tratamentos, são indicadores relacionados com o constructo ou fator latente; são representados pela reversão das setas, direcionadas para mostrar que estes indicadores causam alterações nos fatores latentes. Por outro lado, indicadores de efeito são os domínios de uma medida de qualidade de vida que podem ser afetados pela mudança no constructo latente; os domínios psicológicos podem ser afetados por uma fraca qualidade de vida e poderão ser considerados indicadores de efeito. [100]

INDICADOR DE EFEITO

Ver INDICADOR CAUSAL

INDICADOR DE SAÚDE

Característica de um indivíduo, população ou ambiente que está sujeita (direta ou indiretamente) a medição e que pode ser utilizada para descrever um ou mais aspectos da saúde de um indivíduo ou de uma população em termos de qualidade, quantidade e tempo. [332]

ÍNDICE

Conjunto de itens psicometricamente sólido, com um referencial teórico subjacente que faz a distinção entre constructos interrelacionados relevantes para uma determinada condição de saúde. O índice pode ser composto por vários itens que são agregados em pontuações coletivas, representando constructos de componentes ou aspectos de uma condição. Também podem ser simplesmente um único item. [295]

ÍNDICE DE COMORBIDADE

Medida ponderada que, através de análises estatísticas, permite controlar a influência que determinadas doenças poderão ter num resultado/desfecho em análise. Os índices incluem métodos simples como a contagem do número de condições de saúde, ou métodos baseados em diagnósticos como o que foi desenvolvido por Charlson. [77]

ÍNDICE DE MASSA CORPORAL (IMC)

Medida antropométrica de adiposidade calculada da seguinte forma: peso em quilogramas, dividido pelo quadrado da altura em metros (kg/m2); IMC de 18,5 é considerado baixo peso; de 18,5 a 24,9 é considerado peso saudável; de 25,0 a 29,9 é excesso de peso; de 30 a 39,9 é obesidade e $\geq$ 40 é obesidade mórbida. [321]

INFORMAÇÕES DE APOIO

Fornecer conhecimento que é útil para a resolução de problemas, por exemplo providenciar aconselhamento e orientação sobre linhas de conduta alternativas. [56]

INIQUIDADES EM SAÚDE

Desigualdades em saúde evitáveis entre grupos de pessoas dentro de um país e entre países; são consideradas evitáveis porque decorrem de desigualdades dentro e entre as sociedades e não de diferenças biológicas. As condições económicas/econômicas e sociais e os efeitos que produzem na vida das pessoas determinam o risco de doença; determinam também as ações empreendidas para prevenir e tratar a doença. Também denominadas disparidades em saúde. [341]

INQUÉRITO NARRATIVO

Tipo de pesquisa qualitativa cujo interesse é voltado para particularidades biográficas tal como são narradas (oralmente ou de forma escrita) por quem as vive. [74, 288]

INSTITUTO DE MEDICINA

Fundado em 1970, o IdM é o braço da saúde da *National Academy of Sciences*, cuja autorização para funcionamento data de 1863, quando Abraham Lincoln era Presidente. É uma organização independente, sem fins lucrativos que atua fora do âmbito do governo e presta aconselhamento independente e imparcial aos órgãos decisores e ao público em geral. O IdM enuncia e responde às mais prementes questões nacionais sobre saúde e cuidados de saúde. O objetivo é ajudar o governo e o setor privado a tomar decisões informadas sobre a saúde, fornecendo evidência na qual podem confiar. [152]

INSTRUMENTO

Termo utilizado para descrever um dispositivo de medição que pode ser um conjunto de itens auto reportados pelo próprio ou um dispositivo físico. É preferível que seja usado para descrever um dispositivo físico. [295]

INTEGRAÇÃO SOCIAL

Grau de participação de um indivíduo numa ampla gama de relações sociais. As pessoas que estão socialmente mais integradas vivem mais e têm outros benefícios de saúde, pois têm mais papéis na sociedade (cônjuge, pai, amigo, trabalhador, membro de um grupo, etc.), um conjunto de recursos mais diversificado a que podem recorrer quando se encontram em situação de *stress*, e mais qualidade e quantidade de interações sociais. A diversidade age como um 'amortecedor' para acontecimentos desgastantes, e as interações sociais de qualidade fazem diminuir os efeitos negativos e aumentar os efeitos positivos. [56]

INTENÇÃO DE TRATAR

No contexto de um ensaio clínico randomizado, corresponde a um referencial analítico em que todos os participantes aleatorizados são analisados de acordo com a designação do tratamento atribuído, e todos os eventos são relatados tendo em conta o tratamento atribuído. A intenção-de-tratar permite testar a política de oferta do tratamento e considera que o tratamento é fornecido num determinado contexto, onde nem sempre – ou nunca – se cumpre o tratamento como inicialmente planeado. A preparação para desvios ao protocolo e outros problemas é uma parte crítica, constituindo uma das razões para se efetuar a análise de intenção-de-tratar. [202, 256]

INTERPRETABILIDADE

Grau em que se pode atribuir significado qualitativo – isto é, conotações clínicas ou comumente entendidas – às pontuações ou à mudança nas pontuações quantitativas de um instrumento. [222]

INTERVALO DE CONFIANÇA

Intervalo de valores, no qual se tem aproximadamente $(1-\alpha)\times100\%$ de confiança que a amostra observada tenha dado origem a um intervalo particular que contenha o verdadeiro valor do parâmetro. Com efeito, se forem observadas 100 amostras aleatórias de n elementos, e para cada uma delas for produzido um intervalo de confiança, espera-se que a percentagem de amostras que geram intervalos de valores particulares que contêm o verdadeiro valor do parâmetro seja aproximadamente igual a $(1-\alpha)\times100\%$. [47]

INTERVENÇÃO BASEADA NA *WEB*

Programa de intervenção auto-guiado que é executado através de um programa prescritivo *on-line*, a partir de um sítio *web*, utilizado por consumidores que procuram assistência relacionada com questões de saúde ou saúde mental. O próprio programa de intervenção tenta criar uma mudança positiva e/ou melhorar ou aumentar o conhecimento, a consciência e a compreensão do problema através do fornecimento de materais adequados e da utilização de componentes interativos baseados em tecnologias *web*. [21]

INVESTIGAÇÃO DA SOBREVIVÊNCIA

Investigação que abrange as sequelas físicas, psicossociais e económicas/econômicas do diagnóstico de cancro/câncer e o seu tratamento nos sobreviventes oncológicos, adultos e pediátricos. Também inclui questões relacionadas com a prestação de cuidados de saúde, o acesso e cuidados de acompanhamento, na medida em que se relacionam com os sobreviventes. [123] No entanto, não se aplica apenas à realidade oncológica.

INVESTIGAÇÃO DE EFETIVIDADE COMPARADA

Geração e síntese de evidência que compara os benefícios e os danos dos métodos alternativos para prevenir, diagnosticar, tratar e monitorizar uma condição clínica ou para melhorar os cuidados prestados. No contexto da investigação em resultados/desfechos reportados pelos pacientes (PRO), quando é recolhida informação sobre resultados/desfechos a que os pacientes dão importância, para além da sobrevivência e de achados biomédicos (que são muitas vezes similares entre tratamentos), a experiência do paciente pode ter uma contribuição decisiva na comparação. Os elementos chave de uma investigação desta natureza são: (i) fazer comparações diretas entre tratamento ativos; (ii) estudar populações típicas da prática clínica corrente; e (iii) centrar a atenção na evidência, para que os cuidados prestados sejam apropriados às caracterísitcas dos pacientes individuais. Esta investigação fornece evidência sobre o que funciona melhor, para quem e em que circunstâncias. [152] Ver também RESULTADO/DESFECHO REPORTADO PELO PACIENTE (PRO).

INVESTIGAÇÃO EM RESULTADOS/DESFECHOS CENTRADOS NO PACIENTE

Investigação que ajuda as pessoas e os seus cuidadores a comunicarem e a tomarem decisões informadas sobre cuidados de saúde, permitindo que as suas vozes sejam ouvidas na avaliação do valor das opções de cuidados de saúde. Esta investigação responde a perguntas centradas no paciente, tais como: (i) o que uma pessoa pode esperar do tratamento; (ii) quais são as opções disponíveis e potenciais benefícios e aspectos prejudiciais; (iii) o que pode ser feito para melhorar os resultados/desfechos mais importantes; (iv) como tomar as melhores decisões sobre saúde e cuidados de saúde. [117]

INVESTIGAÇÃO EM SERVIÇOS DE SAÚDE

Campo de investigação que analisa o impacto da organização, do financiamento e da gestão dos serviços de saúde na prestação, qualidade, custo, acesso e resultados desses serviços. [334]

INVESTIGAÇÃO PARTICIPATIVA

Metodologia que se baseia numa abordagem colaborativa para a produção de novos conhecimentos através de uma parceria equitativa envolvendo aqueles mais afetados pela questão em estudo e aqueles que devem agir com base nos resultados do estudo. Tem como objetivo alcançar um equilíbrio entre a necessidade dos cientistas de desenvolverem conhecimento válido e generalizável e a necessidade de proporcionar benefícios para a comunidade que está a ser investigada. [192]

INVESTIGAÇÃO QUALITATIVA

Atividade localizada que posiciona o observador no mundo usando uma série de práticas interpretativas e materiais que tornam o mundo visível; o investigador qualitativo foca-se nas qualidades das entidades e nos processos e significados que não são analisados de modo experimental ou medidos (se realmente medidos) em termos de quantidade, valor, intensidade ou frequência. Contrariamente à investigação quantitativa, que realça a medição e análise de relações causais entre variáveis, a investigação qualitativa enfatiza os processos que ligam as variáveis entre si. Os investigadores qualitativos sublinham a natureza socialmente construída da realidade, a relação íntima entre o investigador, o objeto de estudo e as restrições contextuais que moldam a investigação. Procuram respostas para perguntas que realçam o modo como a experiência social é criada e adquire significado. Os métodos qualitativos recorrem a uma série de representações atuais e históricas, como por exemplo anotações de trabalho de campo, entrevistas, conversas, fotografias, artefatos, textos e produções culturais, gravações, e auto-lembretes; são também utilizados diversos métodos para observar o mundo, como o estudo de caso, introspeção, entrevista sobre histórias de vida, observação direta, interação, e experiência pessoal que descrevem momentos rotineiros ou problemáticos e significativos na vida dos indivíduos. [74, 288]

ITEM

Elemento único que pode ser considerado isoladamente ou como parte de uma série de elementos interligados. Pode também designar uma parte de um índice de medição psicometricamente robusto. [295]

ITEM DE LIKERT e ESCALA DE LIKERT

Um item de Likert é um formato de resposta que consiste em opções para indicar o grau de concordância com uma afirmação proposta; os itens de Likert geralmente têm 5 a 7 opções, e a inclusão de um ponto médio neutro é opcional. A escala de Likert é uma escala multi-item utilizada comumente para medir atitudes ou crenças. O exemplo da escala de Diener et al. ilusta o uso de um item de Likert de 7 pontos: Estou satisfeito com a minha vida. 1 = discordo fortemente / 2 = discordo / 4 = discordo ligeiramente / 5 = não concordo nem discordo / 6 = concordo / 7 = concordo fortemente. [76, 78, 320]

J

JACKKNIFE

Método estatístico de reamostragem usado para estimar a variabilidade e o viés de um estimador, bem como para produzir intervalos de confiança aproximados para os parâmetros significativos em situações em que estes são difíceis ou impossíveis de obter de forma analítica. Este método consiste em formar n subamostras de dimensão (n-1) a partir da amostra original, de dimensão n, e em cada uma delas excluir um indivíduo por sua vez. Estas n subamostras (denominadas subamostras *jackknife*) fornecem n estimativas do parâmetro significativo, as quais podem ser usadas para produzir uma estimativa mais realista deste parâmetro, bem como para estimar o erro padrão e para produzir um intervalo de confiança aproximado, $\alpha \times (1-\alpha) \times 100\%$, para o parâmetro significativo.

JOGO PADRÃO

Do inglês *standard gamble*, é uma abordagem clássica obtida a partir dos axiomas fundamentais da teoria da utilidade e utilizada para a medição de utilidade. Nesta abordagem é pedido aos respondentes que escolham entre dois resultados/desfechos possíveis de uma situação hipotética: a escolha A é uma escolha incerta e contém dois possíveis resultados/desfechos de estados de saúde, cada um com uma probabilidade associada de ocorrer. A escolha B é uma escolha certa com 100% de probabilidade de ocorrer. Por exemplo, é pedido a um respondente que imagine que tem uma insuficiência renal crónica/crônica e que está a ser tratado numa unidade de diálise. A escolha A é um jogo que inclui um transplante renal com a probabilidade p de produzir um estado de completa saúde mas que tem também a probabilidade 1-p de produzir morte imediata após a cirurgia. A escolha B consiste em permanecer em diálise o resto da vida com total certeza. [37, 300]

K

Medida do grau de concordância não aleatória entre observadores (avaliadores) ou medições de uma mesma variável categórica; por vezes referida como concordância corrigida pelo acaso; é calculada como a razão entre (concordância observada – concordância esperada) e (1 - concordância esperada). Existem diferentes formulações de K, dependendo do número de categorias de classificação, duas (K de Cohen) ou mais do que duas (K de Fleiss). Para mais do que duas categorias, o K ponderado é calculado com pesos, dependendo da gravidade da discordância, seja numa ou em mais do que uma categoria. Têm sido sugeridas várias orientações relativas à classificação dos valores de K, mas nenhuma é universalmente aceite. Landis e Koch caracterizaram valores como: <0 indicando ausência de concordância; 0-0,20 fraca; 0,21-0,40 regular; 0,41-0,60 moderada; 0,61-0,80 substancial; e 0,81-1 concordância quase perfeita. Fleiss caracterizou K acima de 0,75 como excelente, 0,40-0,75 regular a bom, e abaixo de 0,40 mau. O K tem alguns valores paradoxais com base em situações em que a concordância esperada é muito elevada, como quando a prevalência de uma categoria é muito elevada. Ao reportar-se o K, deve também reportar-se a concordância bruta ou observada e a concordância esperada ajuda na interpretação do valor do K. [112, 175, 259]

L

LAZER

Atividade que promove a saúde através do relaxamento e do prazer. O lazer é mais do que o tempo de folga em que não se trabalha ou se tem responsabilidades. Inclui também um tempo para prazer pessoal.

LIMITAÇÕES DE ATIVIDADE

Dificuldades que um indivíduo pode encontrar na execução de atividades; estas dificuldades podem ser sentidas em termos de capacidade (dificuldades na execução de tarefas num ambiente padrão) ou de desempenho (dificuldades no seu ambiente habitual). Terminologia do referencial teórico CIF da OMS. [338] Ver também CLASSIFICAÇÃO INTERNACIONAL DE FUNCIONALIDADE, INCAPACIDADE E SAÚDE (CIF).

LISTA DE VERIFICAÇÃO

Conjunto de itens que poderão produzir uma pontuação/escore por agregação simples. Por exemplo, num questionário que faz perguntas aos pacientes sobre a presença de determinados sintomas, pode ser construída uma lista de verificação para representar os problemas reportados por um paciente. Uma lista de verificação é diferente de um índice porque é uma mera compilação de itens e pode não ter uma base psicometricamente robusta. [295]

LITERACIA/LITERAMENTO EM SAÚDE

Grau de capacidade dos indivíduos para obterem, processarem e compreenderem a informação básica de saúde e dos serviços necessários para tomarem decisões de saúde adequadas; como tal, representa as competências cognitivas e sociais que determinam a motivação e a capacidade dos indivíduos para terem acesso, compreenderem e usarem a informação de forma a que promovam e mantenham uma boa saúde. [162, 165, 242, 338, 340]

LUTO

Emoção infeliz e dolorosa que ocorre como reação a uma grande perda. O luto pode ser desencadeado pela morte de um ente querido, ou pelo facto/fato de ter uma doença para a qual não há cura, ou uma condição crónica/crônica que afeta a sua qualidade de vida. O fim de uma relação importante também pode causar um processo de luto. Considera-se que existem cinco estágios na experiência do luto: negação, raiva, barganha, depressão, e aceitação. Estas reações podem não ocorrer numa ordem específica, e podem (por vezes) ocorrer em simultâneo. Nem todas as pessoas experimentam todas essas emoções. [321]

M

MÁGOA

Uma resposta natural às perdas provocadas por doença ou lesão; por vezes difere do luto na medida em que a resposta é viver a perda. Ocorrem episódios de tristeza e sentimentos de pesar e entre estes episódios a pessoa comporta-se normalmente. [153]

MAPA CONCEITUAL

Conjunto de processos específicos e definíveis que podem ser usados para organizar o pensamento e representá-lo para os outros o verem. Normalmente os componentes do mapeamento de conceitos são: (i) os processos ou os passos seguidos para efetuar a conceitualização; (ii) a perspectiva do conceito do ponto de vista das pessoas envolvidas no processo; e (iii) a forma de representação final do conceito. O mapa conceitual envolve a geração do domínio a conceitualizar, o qual é formado por um conjunto de entidades iniciais tais como pensamentos, intuições, ideias, teorias ou problemas; a estruturação do domínio através da definição ou estimativa das relações entre as entidades; e a representação do domínio conceitual verbalmente, pictoricamente ou matematicamente. [318]

MARCAÇÃO

Método para identificar pontos de corte relativos à gravidade dos sintomas através do uso de vinhetas clínicas representando níveis graduais de gravidade dos sintomas. Clínicos e pacientes identificam vinhetas adjacentes que consideram representar o limiar entre dois níveis de gravidade para um dado domínio (por ex., limiar entre uma vinheta que indica "sem problemas" com um dado sintoma e a vinheta adjacente que representa "problemas ligeiros"). Os pontos de corte são definidos como a média de cada par de vinhetas limítrofes. [60]

MARCADOR

Indicador diagnóstico que sugere que a doença se pode desenvolver. [123]

MEDIÇÃO

Processo estandardizado de atribuição de símbolos (por ex., valores) a características de objetos, estados ou acontecimentos, de acordo com um conjunto de regras pré-definidas, com o objetivo de obter uma representação numérica de quantidades de características. Para que um processo de medida esteja estandardizado é necessário que se verifiquem duas condições: (i) tem que existir uma correspondência biunívoca entre o símbolo e a característica que está a ser medida; e (ii) as regras de atribuição de símbolos têm que ser invariantes no tempo e relativamente ao objeto. Se os símbolos a atribuir forem números, então eles devem refletir os diferentes graus da característica que estiver a ser medida. [241]

MEDICINA BASEADA NA EVIDÊNCIA

O uso consciente, explícito e judicioso da melhor evidência existente aquando da tomada de decisões sobre os cuidados de saúde de cada paciente. [47, 48]

MEDICINA INDIVIDUALIZADA

Ver MEDICINA PERSONALIZADA

MEDICINA PERSONALIZADA

Prática nova da medicina que utiliza o perfil genético de um indivíduo para orientar as decisões relativas à prevenção, diagnóstico e tratamento da doença. O conhecimento do perfil genético da pessoa pode ajudar a identificar o tipo e a dose da medicação ou terapia mais adequadas à pessoa ou a determinado grupo de pessoas. A medicina personalizada está a avançar com os dados do Projeto do Genoma Humano. [321]

MEDIDA

Termo frequentemente usado para descrever um questionário, índice, lista de verificação, instrumento ou ferramenta; quando no contexto da teoria da medição moderna só deve ser usado como um verbo (medir) ou para descrever um conjunto de itens que se demonstrou formar um continuum linear unidimensional.

MEDIDAS BASEADAS EM PREFERÊNCIAS

Subconjunto de medidas de qualidade de vida relacionada com a saúde, podendo ser genéricas ou específicas para uma patologia. Estas medidas, que derivam de tradições económicas, analítico-decisionais e psicométricas, baseiam-se no conceito central de que os indivíduos possuem preferências quantificáveis relativas a resultados/desfechos em saúde. É possível elicitar preferências com recurso a métodos distintos, mas todos resultam num único número para a qualidade de vida relacionada com a saúde, ancorada numa escala em que 0 equivale à morte e 1 à saúde perfeita. Estas pontuações permitem combinar mortalidade e morbidade e efetuar o cálculo dos anos de vida ajustados à qualidade, que podem ser utilizados para proceder a comparações de estados de saúde, doenças e populações. Recentemente, foram desenvolvidas medidas baseadas em preferências específicas para patologias, o que originou preocupações sobre como as preferências são elicitadas e quem fornece essas preferências, se a população em geral ou os indivíduos com condições de saúde específicas. [82, 129, 268]

MEDIDAS DA EXPERIÊNCIA RELATADAS PELO PACIENTE (PREM)

Medidas relacionadas com o cuidado centrado no paciente que abrangem aspectos da estrutura e dos processos de cuidados tal como são vividos pelo paciente, e não como são interpretados por qualquer outra pessoa. As dimensões da experiência do paciente abrangidas pelas PREM incluem: o respeito pelos valores e preferências dos pacientes; a disponibilização de informação, comunicação e educação; a coordenação dos cuidados; o envolvimento da família; o apoio emocional; o conforto físico; a preparação para a alta, continuidade e transições dos cuidados; e o acesso. No contexto hospitalar, as PREM abrangem aspectos dos cuidados, por exemplo a comunicação e a resposta dos profissionais de saúde, a limpeza e tranquilidade do ambiente, a gestão da dor e adequação das informações para a alta. As PREM distinguem-se das medidas de satisfação, pois estas são fortemente afetadas pelas expectativas e resultados/desfechos. [30, 258, 276, 312, 326]

MEDIDAS DE 1 ITEM

Perguntas que têm revelado avaliar com precisão um constructo. [36, 275]

MEDIDAS DE QUALIDADE

Indicadores quantitativos que refletem o grau em que o cuidado é consistente com os melhores padrões clínicos, baseados na evidência, disponíveis. [123]

MEDIDAS ESPECÍFICAS DA DOENÇA

Instrumentos de avaliação do estado de saúde, específicos para determinados diagnósticos ou doenças. As medidas específicas da doença são consideradas mais sensíveis à mudança do que as medidas genéricas. [40] Frequentemente utilizadas, erradamente, como sendo "medidas específicas de condição". Ver também MEDIDAS ESPECÍFICAS DE CONDIÇÃO.

MEDIDAS ESPECÍFICAS DE CONDIÇÃO

Resultados/desfechos relacionados com sintomas associados a uma doença ou mal-estar ou a condições de saúde que não podem ser classificadas como doença ou mal-estar, como por exemplo obesidade, nanismo, deformação, menopausa, gravidez. [155]

MEDIDAS INDIVIDUALIZADAS DE QUALIDADE DE VIDA

Medidas de qualidade de vida desenhadas para captar o verdadeiro significado da qualidade de vida. Definem a qualidade de vida como aquilo que o indivíduo acha que é, permitindo que o paciente identifique os domínios (ou áreas da vida) que são importantes para ele e que atribua um peso à importância relativa de cada um. [79, 243]

MENOR MUDANÇA DETECTÁVEL

Ver MUDANÇA

META EM SAÚDE

Quantidade de mudança num resultado/desfecho de saúde específico mensurável ou intermédio que seria razoável esperar para uma determinada população, num determinado período de tempo. Assim, essas metas de saúde definem as medidas concretas que podem ser tomadas para conseguir um objetivo de saúde. [242]

META-ANÁLISE

Método estatístico para sumariar dados de diferentes estudos para gerar estimativas conjuntas de efeitos; muitas vezes é o passo final da revisão sistemática, quando o grau de homogeneidade de efeitos em todos os estudos é suficientemente elevado para que a estimativa conjunta gerada seja significativa. [251, 307] A mais comum é a meta-análise agregada. Outros métodos:

1. META-ANÁLISE HIERÁRQUICA BAYESIANA: método que leva em conta informação anterior para escolher distribuições diferentes para o desvio padrão entre estudos. [299]

2. META-ANÁLISE DE DADOS INDIVIDUAIS DE PACIENTES: método que consiste em obter dados brutos de todos os pacientes diretamente de cada um dos estudos e em seguida reanalisá-los; também chamada análise agrupada. [251]

3. META-ANÁLISE EM REDE: método em que múltiplos tratamentos (ou seja, três ou mais) são comparados usando quer comparações diretas de intervenções entre ensaios clínicos randomizados, quer comparações indiretas transversais aos ensaios baseadas num comparador comum. [183]

4. META-REGRESSÃO: ferramenta utilizada em meta-análises para examinar o impacto de variáveis moderadoras no tamanho do efeito do estudo usando técnicas baseadas em regressão. [314] Os efeitos destas variáveis são estimados usando o tamanho da amostra do estudo para pesar a sua contribuição e estimar a variância. [183]

MÉTODO *COLD DECK*

Técnica de imputação simples que substitui os dados omissos de uma ou mais variáveis de um não respondente por dados do mesmo indivíduo provenientes de fontes externas, tais como dados administrativos, dados recolhidos em inquéritos por amostragem realizados no passado, dados recolhidos em inquéritos por recenseamento. Este termo, bem como o termo *hot deck*, surgiram na época em que os dados eram processados no computador através da utilização de cartões perfurados. Quando os dados omissos eram substituídos por dados já existentes, o conjunto dos cartões (*deck*) que não eram processados ficava "frio". [4]

MÉTODO DE DELFOS

Método para construção de consenso, originalmente desenvolvido pela RAND Corporation na década de 1950 para prever o impacto da tecnologia na guerra. O método envolve um grupo de especialistas que anonimamente respondem a questionários e posteriormente recebem retorno na forma de uma representação estatística da 'resposta do grupo', após o que o processo se repete. O objetivo é reduzir a amplitude das respostas e chegar a algo mais próximo de um consenso de peritos. O método de Delfos tem sido amplamente adotado e ainda é utilizado atualmente. [67, 161, 212, 262]

MÉTODO DE ESCOLHA DISCRETA

Tipo de análise conjunta baseada na escolha, na qual são elicitadas as preferências dos pacientes por estados de saúde ou cenários de cuidados de saúde através da escolha entre pares de cenários selecionados (por ex., esperança de vida de 12 anos com problemas graves de incontinência urinária *versus* esperança/expetativa de vida de 8 anos com problemas ocasionais de incontinência urinária). A principal vantagem do método de escolha discreta em relação aos outros métodos de elicitação de valores, tais como o jogo-padrão ou a equivalência em tempo, reside na possibilidade de avaliação de atributos múltiplos, ao invés da escolha dicotómica/dicotômica entre um atributo e sobrevivência. [11, 32]

MÉTODO DE GRUPOS CONHECIDOS

Método comum para suportar a validade de constructo; baseia-se na formulação de hipóteses sobre como uma medida em processo de validação se comporta quando um grupo de indivíduos que se sabe que tem uma característica particular é comparado com um grupo que não tem essa característica; pode também ser usado para hipóteses sobre indivíduos com diferentes níveis/gravidades de uma característica. Os métodos de grupos conhecidos avaliam a capacidade do teste para discriminar entre os grupos, com base nos grupos que demonstram diferentes pontuações médias no teste. [260] Num estudo clássico de validação com grupos conhecidos, Weissman *et al.* compararam as pontuações da medida *Center for Epidemiologic Studies-Depression* (CES-D) entre grupos de pacientes diagnosticados com depressão e uma amostra de base comunitária. As grandes diferenças nas pontuações do CES-D entre os grupos, e o padrão das diferenças, suportou a validade de constructo do CES-D. O método de grupos conhecidos pode ser estudado usando grupos de indivíduos com diferentes níveis ou gravidades de uma característica. [76, 330] Ver também MÍNIMA DIFERENÇA CLINICAMENTE IMPORTANTE.

MÉTODO *HOT DECK*

Técnica de imputação simples que substitui os dados omissos de uma ou mais variáveis de um não respondente (recetor) por valores observados de um respondente (doador), que seja similar ao respondente nas características em análise. O doador pode ser identificado usando as seguintes metodologias: vizinho mais próximo, aleatória, ou sequencial. Na imputação *hot-deck* pelo vizinho mais próximo o doador é identificado através da minimização de uma função distância (Euclideana, Mahalanobis, etc.). Na imputação *hot-deck* aleatória o doador é selecionado aleatoriamente a partir da amostra de respondentes. Na imputação *hot-deck* sequencial o doador é o respondente anterior. Por último, O nome vem da época em que eram usados cartões perfurados nos computadores. O operador estabelecia os critérios para selecionar o exemplar correspondente. Os cartões que saíam do selecionador de cartões estavam "mornos", daí o nome *hot deck* (cartas quentes). [4]

MÉTODO POR CAPTURA-RECAPTURA

Método de amostragem usado para estimar a dimensão de uma população alvo, ou de um subconjunto dessa população. Este método consiste em obter uma amostra inicial de elementos que serão marcados ou identificados, dependendo da necessidade e do habitat da população em estudo, sendo, de seguida, devolvidos à população. Posteriormente é retirada uma segunda amostra, independente da primeira, na qual se contabilizam os indivíduos marcados da primeira amostra. Este método, que teve origem na biologia de animais selvagens, para estimar a abundância de uma espécie de animais numa determinada região, através da captura, marcação e recaptura de animais, foi adotado em epidemiologia veterinária e mais tarde em estatísticas populacionais (recenseamentos) e em epidemiologia. Se existirem duas amostras independentes com informação sobre: (a) número de elementos encontrados em ambas as amostras (elementos marcados na primeira e encontrados na segunda amostra); (b) número de elementos encontrados apenas na primeira amostra (elementos marcados na primeira mas não encontrados na segunda amostra); (c) número de elementos encontrados apenas na segunda amostra, então uma estimativa da dimensão total da população (N) é dada pelo estimador de Peterson, N=(a+b)×(a+c)/a. Se as duas amostras forem positivamente (negativamente) dependentes, então o resultado tenderá a ser subestimado (sobreestimado). Se existirem três ou mais amostras, os métodos log-lineares podem ser usados para modelar os graus de dependência entre as amostras. Apesar do método de captura-recaptura ter algumas limitações, ele é útil para estimar o número de casos e o número de casos em risco em populações difíceis de apanhar, tais como as populações dos indivíduos sem abrigo e dos profissionais do sexo. Ver também AMOSTRAGEM POR BOLA DE NEVE. [259]

METODOLOGIA DE HISTÓRIA DE VIDA

Variedade de abordagens qualitativas que se focam na geração, análise e apresentação dos dados de uma história de vida e na revelação de experiências de um indivíduo ao longo do tempo; defende que a ação humana pode ser mais bem compreendida do ponto de vista e perspectiva das pessoas envolvidas e, assim, o enfoque é na definição subjetiva e nas experiências de vida do indivíduo. [288]

MÉTODOS MISTOS

Tipo de investigação em que são combinados elementos qualitativos e quantitativos (por ex., o uso de pontos de vista qualitativo e quantitativo na recolha/coleta de dados, na análise de dados e nas técnicas de inferência). A combinação destas duas abordagens permite uma maior abrangência e profundidade de compreensão e corroboração. [156]

MÉTODOS NÃO-PARAMÉTRICOS

Mais corretamente designados métodos livres de distribuição, são técnicas estatísticas que não dependem da especificação da probabilidade de distribuição de onde foi extraída a amostra. Muitas vezes, estes métodos envolvem apenas a ordenação das observações e não as próprias observações. Exemplos são o teste U de Mann-Whitney, o teste dos postos sinalizados de Wilcoxon e o teste de Friedman de análise da variância de dupla classificação. Estes testes são apenas ligeiramente menos robustos do que os testes paramétricos que assumem uma determinada distribuição da população (por regra, a distribuição normal), mesmo quando essa hipótese é verdadeira; na presença de não-normalidade, estes testes apresentam maior eficiência estatística (necessitam de menor dimensão das amostras para identificar um efeito).[3]

MÉTODOS PSICOMÉTRICOS MODERNOS

Modelos matemáticos que articulam as condições sob as quais as medições de intervalos iguais podem ser estimadas a partir de dados de escalas de classificação (opções de resposta ordinal para um conjunto de itens que são relacionados com um constructo subjacente). A psicometria moderna salienta a importância de utilização de modelos de resposta ao item em que as pessoas ou pacientes com um determinado nível de capacidade têm uma probabilidade de responder positivamente a diferentes perguntas. Existem duas escolas de pensamento gerais, a teoria de resposta ao item e a teoria de medição de Rasch, que podem ser caracterizadas pela sua abordagem. Assim, quando os dados do questionário satisfazem (se ajustam) as condições exigidas por esses modelos matemáticos, as estimativas derivadas dos modelos são consideradas robustas. Quando os dados não se ajustam ao modelo escolhido, é possível seguir duas direções de investigação. Basicamente, quando os dados não se encaixam no modelo escolhido, a abordagem da teoria de resposta ao item procura encontrar o modelo matemático que melhor se ajusta aos dados de resposta ao item observado; pelo contrário, a abordagem de medição de Rasch procura encontrar os dados que melhor se ajustam a um modelo (modelo de Rasch). Assim, os proponentes da teoria de resposta ao item usam uma família de modelos, enquanto os defensores da medição de Rasch usam apenas um modelo (modelo de Rasch). Embora apelidados de "modernos" os pressupostos matemáticos surgiram de trabalhos realizados na década de 1920 por Thurstone e até à década de 1960 por Rasch e Lord. [9, 45]

MÍNIMA DIFERENÇA CLINICAMENTE IMPORTANTE

Ver MUDANÇA

MINIMIZAÇÃO DE CUSTOS

Avaliação económica/econômica em que as consequências de intervenções alternativas são iguais e em que apenas os *inputs* (entradas/insumos), isto é, os custos, são tidos em consideração. O objetivo é decidir sobre qual o meio menos oneroso de atingir o mesmo resultado. [321]

MOBILIDADE NO ESPAÇO QUOTIDIANO

Medida espacial da área por onde uma pessoa se desloca ao longo de um determinado período de tempo, que vai desde a deslocação/deslocamento a partir da própria casa até à deslocação/deslocamento para além da própria cidade ou região geográfica. Tem sido demonstrado que se correlaciona bem com os registos de atividades diárias ao longo de um período de um mês e está altamente correlacionada com as medidas de desempenho, tais como a velocidade da marcha e o equilíbrio. [18, 257] Pode servir como indicador da participação, tal como definido pela CIF. Ver também CLASSIFICAÇÃO INTERNACIONAL DE FUNCIONALIDADE, INCAPACIDADE E SAÚDE (CIF).

MODELO

Forma de operacionalizar uma teoria a fim de desenvolver métodos para testar hipóteses que decorrem dessa teoria; tende a centrar-se na explicação de um fenómeno/fenômeno. Usando a analogia de um mapa de estradas (ver também TEORIA), é um plano de viagem que usa o mapa como base para o planeamento/planejamento. [90, 136] Os modelos podem ser simples, como o modelo que permite converter graus centígrados em graus Farenheith (ºF=32+9/5ºC), ou complexos, como o modelo de Wilson-Cleary, [347] que procura modelar a qualidade de vida em função de fatores pessoais, ambientais, sintomas e percepção de estado de saúde. Ver também MODELO DE WILSON-CLEARY.

MODELO CONCEITUAL

No contexto da investigação de resultados/desfechos em saúde, é um modelo teórico de como estão relacionados diferentes constructos dentro de um conceito. Exemplos são o modelo CIF e o Modelo de Wilson-Cleary. [72] Ver também CLASSIFICAÇÃO INTERNACIONAL DE FUNCIONALIDADE, INCAPACIDADE E SAÚDE (CIF), MODELO DE WILSON-CLEARY.

MODELO DE CINCO FATORES DE PERSONALIDADE

Dimensões fundamentais que agregam os traços de personalidade dos indivíduos: extroversão, amabilidade, conscienciosidade, neuroticismo e abertura à experiência. Tem sido demonstrado que estes cinco fatores apresentam validade convergente e discriminante em relação a instrumentos e observadores, e que se mantêm ao longo de décadas, em adultos; alcançar o consenso sobre os cinco fatores exigiu 20 anos de estudo de investigadores de diferentes disciplinas, culturas e países. [208, 209]

MODELO DE CUIDADOS CRÓNICOS/CRÔNICOS (MODELO DE DOENÇA CRÓNICA/CRÔNICA)

Referencial abrangente de organização dos cuidados de saúde destinado a melhorar os resultados/desfechos obtidos por pessoas com doenças crónicas/crônicas. É composto por seis elementos: organização dos cuidados de saúde, recursos comunitários, suporte para auto-gestão, desenho do sistema da prestação dos cuidados, apoio à decisão, e um sistema de informação clínica. O objetivo deste modelo de cuidados clínicos é desenvolver uma interação produtiva entre profissionais de saúde especializados e pacientes esclarecidos. Esta interação é apoiada por normas de orientação clínica, sistemas de informação, e uma organização local para gestão de casos. A educação do paciente e a mudança de comportamentos são características fundamentais de gestão de doenças crónicas/crônicas, reforçada por um plano de auto-gestão. [324]

MODELO DE RASCH

O modelo de Rasch, que tem o nome do matemático dinamarquês Georg Rasch (1901-1980), é um modelo probabilístico utilizado para especificar uma classificação observada de uma pessoa sobre uma variável em análise, através de uma função que relaciona a capacidade da pessoa e a dificuldade dos itens utilizados para obter essa classificação. Ambos são definidos pela sua localização no continuum desde o menor (mais fácil) até ao maior (mais difícil). Este modelo é amplamente utilizado na medição de resultados/desfechos em saúde como um método para transformar categorias de resposta dicotómicas/dicotômicas ou ordinais em escalas lineares com propriedades intervalares. Baseia-se numa transformação logit da probabilidade de resposta a um item em particular. Um item em que 50% dos inquiridos/respondedores passa tem um logit de 0. Uma escala que define o espectro completo de um constructo irá variar de -4 a +4 logits, correspondendo a ±4 desvios padrão, definindo a gama completa de um padrão normal de distribuição.

As pessoas na extremidade inferior da escala logit têm menos capacidade, enquanto as pessoas na extremidade superior têm mais capacidade. Correspondentemente, os itens na extremidade inferior são fáceis de passar, enquanto que os itens na extremidade superior são difíceis de passar. Os itens que se ajustam a um modelo de Rasch formam uma medida com uma pontuação/escore total que é suficiente para determinar a capacidade da pessoa no constructo subjacente. Quando os dados provenientes de classificações observadas não se ajustam ao modelo hierárquico e linear subjacente, é necessário dar início a uma investigação sobre a origem do erro. Um item pode estar mal construído, como por exemplo: "O(a) Senhor(a) não se preocupa com muitas coisas?"; ou mal compreendido: "O(a) Senhor(a) considera-se apático?". Pode também ser necessário redefinir as categorias de resposta, para que os inquiridos/respondedores sejam mais capazes de as distinguir. A solução para o problema da má adequação de itens deve ser resolvido com contribuições substantivas, empíricas e experimentais.

A análise não consegue revelar a origem do problema, apenas a sua localização. Que os dados se ajustem ao modelo de Rasch é apenas uma condição necessária, não é suficiente para definir o constructo; desta forma, esta hipótese requer suporte teórico. Adaptações posteriores de respostas para ajustar ao modelo de Rasch são excelentes ferramentas de exploração e podem ser necessárias em alguns casos, antes de fazer outras interpretações relevantes, mas precisam de ser suportadas por evidência experimental relevante. [9, 45]

MODELO DE WILSON-CLEARY

Taxonomia conceitual e modelo de resultados/desfechos dos pacientes, que categoriza os resultados dos pacientes de acordo com os conceitos subjacentes de saúde que representam e propõe relações causais específicas entre os diferentes conceitos de saúde, integrando, assim, o modelo biomédico e a qualidade de vida. Os componentes da qualidade de vida relacionada com a saúde estão integrados nas rubricas de variáveis biológicas e fisiológicas, sintomas, função, percepção de saúde e qualidade de vida, reconhecendo a influência de fatores pessoais (amplificação de sintomas, motivação, personalidade, valores e preferências), fatores ambientais (apoios psicológico, social e económico/econômico) e fatores não-médicos. Este modelo está intimamente ligado ao modelo biopsicossocial CIF da OMS, em que variáveis e sintomas biológicos são classificados como deficiências e a função inclui os domínios da atividade e da participação. [22, 348] Ver também CLASSIFICAÇÃO INTERNACIONAL DE FUNCIONALIDADE, INCAPACIDADE E SAÚDE (CIF).

MODELOS DE EQUAÇÕES ESTRUTURAIS

Família de modelos estatísticos multivariados usados para testar a validade de modelos teóricos que definem relações causais, hipotéticas, entre variáveis. A modelação de equações estruturais (SEM – *Structural Equation Modeling*) utiliza dois tipos de modelos: o modelo de medida e o modelo estrutural. O modelo de medida, constituído pelas equações que relacionam as variáveis latentes com as variáveis de medida, é analisado através da análise fatorial. O modelo estrutural, constituído pelas equações que definem as relações entre as variáveis latentes, é analisado pela análise de caminhos (*path analysis*). Os modelos de equações estruturais utilizam variáveis latentes para representar os constructos em análise, reconhecendo que constructos complexos não são adequadamente representados por uma qualquer medida única e que a comunalidade entre medidas relacionadas é a melhor representação. [163, 272]

MODIFICAÇÃO DO EFEITO

Valores diferentes da medida do efeito em diferentes níveis de outra variável aleatória são uma característica inerente à relação entre duas causas de uma doença (efeito). Esta relação não é definida pelas particularidades de qualquer estudo; é um facto/fato inalterável da natureza. [278]

MORBIDADE

Doença ou incidência de doença numa população. Morbidade ou morbilidade também se referem ao efeito adverso causado pelo tratamento. [123]

MORTALIDADE PROPORCIONAL

Proporção de mortes causadas por uma doença específica: (número de mortes/total de mortes)×100. [132]A interpretação deste parâmetro não é simples, porque as alterações ou diferenças verificadas podem ser o resultado de um aumento ou excesso de uma causa de morte ou do decréscimo de outra. Em muitos países, a mortalidade proporcional associada a doenças crónicas/crônicas sofreu um acréscimo significativo porque diminuíram as mortes devidas a doenças infecciosas. [120]

MOTIVAÇÃO

Termo usado para descrever o constructo positivo caracterizado pela abertura à experiência, energia para as atividades diárias, e ter metas e planos para o futuro. No contexto da saúde, motivação reduzida é um dos critérios para a apatia, conjuntamente com o embotamento da emoção. Uma pessoa que não tem motivação, por exemplo após um evento de saúde devastador, pode não ser necessariamente apática se esta falta de motivação causar sofrimento; se a pessoa não é afetada emocionalmente pela falta de motivação, então isto aproxima-se de apatia. Assim, poder-se-ia considerar que apatia e motivação se situam nos dois extremos opostos de um continuum. [191, 195, 269, 304] Ver também APATIA.

MUDANÇA

No contexto da medição dos resultados/desfechos em saúde, mudança significa a medida em que a pontuação/escore obtida por um indivíduo evolui ao longo do tempo; distingue-se de "diferença", que se refere à disparidade de grupos que são comparados em estudos transversais. [71] Há muitos tipos de mudança que são relevantes para os resultados/desfechos em saúde, dependendo se a mudança é considerada a partir da perspectiva da pessoa ou do profissional clínico; [28] esta terminologia também evoluiu ao longo do tempo e diferentes termos são usados essencialmente para o mesmo conceito. Ao refletir sobre a mudança, é importante tomar em consideração os conceitos de mudança e não apenas os seus indicadores.

1. MÍNIMA DIFERENÇA CLINICAMENTE IMPORTANTE (MDCI). A menor diferença de pontuação/escore, no domínio em análise, que os pacientes consideram benéfica, e que, não havendo efeitos colaterais e custos excessivos, representaria uma mudança na gestão do paciente. [154] Este termo é mais usado para indicar diferenças entre os grupos (veja

MDI) e o termo Mínima Mudança Importante (MMI) é usado para a mudança intrapessoal, embora historicamente e mesmo presentemente a distinção não seja clara. MDCI e DCI (Diferença Clinicamente Importante) são termos obsoletos e estão a ser substituídos por MDI e MMI. [222]

2. MÍNIMA DIFERENÇA IMPORTANTE (MDI). A diferença observada entre grupos que são conhecidos por diferirem de modo relevante no constructo em análise (por ex., por sexo, idade ou estado de saúde); o indicador é obtido utilizando métodos de comparação de grupos.

3. MÍNIMA MUDANÇA IMPORTANTE (MMI). Menor mudança de pontuação/escore no domínio em análise que os pacientes consideram importante. Para os resultados/desfechos reportados por pacientes, deve ser considerada do ponto de vista do paciente; geralmente é obtida pedindo aos pacientes que indiquem quanto têm melhorado e calculando qual a variação média observada nas pessoas que dizem que mudaram "um pouco". Para outro tipo de medidas de resultados/desfechos, ambas as perspectivas podem ser relevantes. Na perspectiva do profissional clínico, a MMI justifica uma mudança no tratamento ou uma alteração do prognóstico. No contexto da investigação, a MMI é utilizada para estimar o tamanho da amostra com a potência ou poder adequado para que o valor da MMI seja estatisticamente significativo. A MMI pode ser avaliada através de métodos baseados em âncora (mudança ancorada em alterações de um critério externo, que tanto pode partir do ponto de vista dos pacientes como partir de mudanças numa outra medida) ou métodos de distribuição, tais como a mudança que sejam iguais ou superiores a ½ desvio padrão. [237]

4. RESPONSIVIDADE À MUDANÇA. Definição consensual a partir do painel da COSMIN (*COnsensus-based Standards for the selection of health Measurement INstruments*) representando a capacidade de um teste para detectar, no constructo a ser medido, a mudança ao longo do tempo; isto implica que a mudança ocorreu e que a magnitude da mudança excedeu a variação que pode ser atribuída ao acaso ou ao erro da medição. [149] Para ilustrar o desafio na definição e no cálculo deste conceito, Terwee identificou 25 definições de responsividade e 31 maneiras de calcular (fórmulas). [309]

5. SENSIBILIDADE À MUDANÇA. Capacidade de um teste para medir a mudança no estado de saúde de uma pessoa, independentemente de ser significativa para a tomada de decisão; é condição necessária, mas não suficiente para a responsividade. [184]

6. MENOR MUDANÇA DETECTÁVEL (também chamada MÍNIMA MUDANÇA DETECTÁVEL - MMD). Mudança superior ao erro de medição e que pode ser ilustrada pela mudança que não é abrangida pelos limites de concordância do gráfico de Bland e Altman, essencialmente valores maiores que ± 1,96 DP da mudança ou maior que ± 1,96 x VEPM (erro padrão da medição). Este é um indicador da quantidade de variação das pontuações em pacientes estáveis. [71]

MUDANÇA DE RESPOSTA

Mudança de significado da avaliação que uma pessoa faz de um constructo alvo como resultado de: (i) uma mudança nas normas de medida internas do respondente (isto é, recalibração da escala em termos psicométricos); (ii) uma mudança de valores do respondente (isto é, a importância das dimensões que constituem o constructo alvo); ou (iii) uma redefinição do constructo alvo (isto é, uma reconceitualização). [301]

1. RECALIBRAÇÃO: Alteração dos valores ou da classificação atribuída a um estado de saúde devida a uma alteração da percepção de valor da pessoa e não por ter vivido uma verdadeira mudança. [301]

2. REDIFINIÇÃO DE PRIORIDADES: Tipo de alteração de resposta em que as pessoas mudam o que é importante para elas quando avaliam a sua qualidade de vida. [23, 290]

3. RECONCEITUALIZAÇÃO: Tipo de alteração de resposta em que existe uma mudança no significado da auto-avaliação de um constructo alvo como resultado de uma redefinição desse constructo alvo (isto é, uma reconceitualização); pode ser detectado estatisticamente usando Modelos de Equações Estruturais; também pode ser detectado por medidas personalizadas de qualidade de vida, quando as pessoas identificam áreas da sua vida afetadas pela doença ao longo do tempo. [301]

N

NÃO LINEAR

Relação entre duas variáveis que não segue uma linha reta; pode ser monótona (sempre crescente ou sempre descrescente) ou não (por ex., uma curva em forma de J); para avaliar a forma da relação são necessários dados de mais de 3 pontos ou categorias; pode ser detetada por inspecção visual ou, num modelo de regressão, pode ser testada ajustando um segundo termo para a variável X, por exemplo X^2 ou X^3, e verificando se as categorias produzem resultados idênticos aos do coeficiente de regressão (β) do modelo linear que tem apenas a variável X. [169]

NARRATIVA

Formas de atuação socialmente restritas, desempenhos socialmente contextualizados, e/ou modos de agir e de compreender o mundo; uma forma retrospetiva de atribuição de significado. [74, 288]

NECESSIDADES

Aquilo de que um indivíduo precisa para alcançar e manter a saúde e o bem-estar; as áreas de necessidades incluem necessidades físicas, emocionais, de saúde mental, espirituais, ambientais, sociais, sexuais, financeiras e culturais. [233]

NEUROTICISMO

Diferença individual na tendência crónica/crônica para experimentar emoções negativas e angústia psíquica (por ex., tensão, depressão, frustração, culpa, autoconsciência). Associando estilos cognitivos e comportamentais, incluem pensamento irracional, baixa auto-estima, baixo controle de impulso, queixas somáticas e *coping* ineficaz. O neuroticismo é a característica mais amplamente estudada do modelo dos cinco fatores da personalidade. Ver também MODELO DE CINCO FATORES DE PERSONALIDADE.

NÍVEIS DE EVIDÊNCIA

Ver HIERARQUIA DE EVIDÊNCIA

NORMAS DE ORIENTAÇÃO CLÍNICA

Definem afirmações de forma sistemática para auxiliar decisões do clínico e do paciente quanto aos cuidados de saúde apropriados para circunstâncias clínicas específicas. [123]

NÚMERO NECESSÁRIO PARA PRODUZIR DANOS

Também designado por NNH (do inglês *Number Needed to Harm*), é o número de indivíduos que necessitam ser sujeitos a um tratamento (expostos a um fator de risco) para se produzir uma ocorrência indesejada. É calculado como o inverso do risco atribuível entre o grupo sujeito ao tratamento (exposto) e o grupo de controle. Assim, NNH=1/(risco no grupo sujeito ao tratamento-risco no grupo de controle), onde o risco é, em cada grupo, o rácio entre o número de ocorrências indesejadas e a dimensão do grupo. Como as ocorrências indesejadas (adversas) podem ser diferentes, Zermansky sugeriu a distinção das ocorrências indesejadas e o cálculo do número necessário para matar, do número necessário para incapacitar, do número necessário para provocar uma doença e do número necessário para incomodar um indivíduo. [176, 361]

NÚMERO NECESSÁRIO PARA TRATAR

Também designado por NNT, é o número de pessoas que têm de ser submetidas ao tratamento para que uma beneficie com esse tratamento. É calculado como o inverso da redução absoluta do risco de obter um resultado/desfecho positivo ou de prevenir um resultado/desfecho negativo entre o grupo que foi sujeito ao tratamento e o grupo de controle. Assim, NNT=1/(risco no grupo de controle-risco no grupo sujeito ao tratamento), onde o risco é, em cada grupo, o rácio entre o número de ocorrências indesejadas e a dimensão do grupo. É calculado como 1/diferença de risco (de obter um resultado/desfecho positivo ou de evitar um resultado/desfecho negativo) entre dois grupos em tratamento. Existe uma boa calculadora do NNT no *Centre for Evidence Based Medicine*, Oxford. [176]

O

OCULTAÇÃO

Em contexto de investigação, é o procedimento que oculta aos participantes e/ou investigadores o grupo a que os sujeitos participantes pertencem; numa experiência controlada, a ocultação é relativa ao grupo a que o participante pertence; num estudo observacional, ocultação refere-se à população de onde provêm os indivíduos. Quando a ocultação é imposta aos participantes e aos investigadores, o estudo designa-se de dupla ocultação. Nos casos em que o estatista faz a análise dos dados ignorando a que grupo os participantes pertencem, o estudo é por vezes referido como sendo de tripla ocultação. [259]

ONTOLOGIA

Modelo do que é conhecido num domínio. [259]

ORDINAL

Tipo de dados discretos onde os valores pertencem a um número limitado de categorias, cada uma com uma ordem inerente. Os dados ordinais podem ser modelados com eficiência usando uma regressão ordinal através do modelo de chances proporcionais ou modelo de chances cumulativas. [146, 291]

ORGANIZAÇÃO MUNDIAL DE SAÚDE (OMS)

Agência da Organização das Nações Unidas (ONU) localizada em Genebra, na Suíça, cujo papel principal é dirigir e coordenar a saúde internacional. Fundada em 1948, trabalha nas áreas dos sistemas de saúde, promoção da saúde ao longo da vida, doenças não transmissíveis, doenças transmissíveis, preparação, vigilância e resposta. Ver também SAÚDE.

PAPÉIS DE GÉNERO/GÊNERO

Conjunto de papéis e relações socialmente construídas, traços de personalidade e atitudes, comportamentos, valores, poder relativo e influência que a sociedade atribui aos dois sexos numa base de diferenciação. Estes papéis manifestam-se através das inter-relações entre homens e mulheres no contexto da sua sociedade e dos papéis presentes que desempenham nessa sociedade e correspondem aos padrões de comportamento, direitos e obrigações definidos pela sociedade como apropriados para cada sexo. Os papéis e características de género/gênero não existem por si próprios, são antes definidos uns em relação aos outros. [356] Ver também GÉNERO/GÊNERO.

PARADOXO DA INCAPACIDADE

O facto/fato de indivíduos com deficiências ou limitações graves relatarem que têm boa qualidade de vida, não obstante indivíduos, sem deficiência ou limitação, pensarem que essas pessoas não têm boa qualidade de vida. Sugere-se que o conceito de inversão da resposta é um mecanismo que explica as discrepâncias "paradoxais e contraditórias" entre a qualidade de vida relatada e a "qualidade de vida expectável". No entanto, outros argumentam que a observação de níveis elevados de qualidade de vida nas pessoas com incapacidades só é "paradoxal e contraditória" na suposição de que estas pessoas com doença ou incapacidade grave têm uma fraca qualidade de vida em virtude da sua doença ou incapacidade, e que esta suposição é resultado de uma percepção errada e de atitudes negativas e estereotipadas por parte de pessoas sem incapacidades. As implicações do paradoxo da incapacidade são que as "discrepâncias contraditórias" que a inversão da resposta procura explicar podem precisar de ser mais cuidadosas e independentemente caracterizadas como sendo problemas da medição. [8, 206, 289]

PARTICIPAÇÃO

No contexto da saúde, é o envolvimento numa situação da vida; um componente do termo genérico da função, de acordo com a definição da CIF da OMS, que inclui as funções e estruturas do corpo, atividade e participação. Participação reflete a perspectiva social do funcionamento e abrange os domínios das relações interpessoais, as principais áreas da vida (educação, trabalho e vida económica/econômica) e a vida comunitária, social e cívica. [338] Ver também CLASSIFICAÇÃO INTERNACIONAL DE FUNCIONALIDADE, INCAPACIDADE E SAÚDE (CIF).

PARTICIPAÇÃO SOCIAL

Envolvimento da pessoa em atividades que proporcionam a interação com os outros na sociedade ou na comunidade; [181] um meio de realizar os seus hábitos de vida no seu próprio ambiente (por ex., escola, local de trabalho, local onde vive). [178]

PERCEPÇÃO DE SAÚDE

Constructo que representa a forma como os indivíduos integram a informação objetiva que têm sobre a sua saúde com a forma como se sentem ou avaliam essa informação. Este constructo abrange percepções dos estados de saúde física e mental, bem como outras percepções relacionadas com a saúde, por exemplo receios e preocupações com o impacto na saúde da resistência ou suscetibilidade à doença, e com a orientação para a doença, com a tendência de crer que a doença é uma parte da vida. Isto é um constructo importante, porque a maior parte das vezes que os pacientes vão ao consultório médico fazem-no devido à forma como se sentem. [68, 83]

PERDA

Separação de um ente querido. Dependendo da forma como enfrentam a dor, a perda afeta os indivíduos de diferentes maneiras. [233]

PERFIL

No contexto da medição em saúde, um perfil é um conjunto de items que estão reunidos de forma a obter-se valores separados para cada domínio. Um exemplo de perfil de saúde é o conhecido e muito utilizado SF-36, em que são geradas oito pontuações/escores para a saúde em geral, função física, dor, vitalidade, saúde mental, função social, desempenho físico, e desempenho emocional. Na realidade, nos instrumentos que permitem obter perfis de saúde, não é indicada a importância atribuída às diferentes dimensões através do seu peso relativo. Os perfis de saúde não indicam a importância relativa das várias dimensões que abrangem. [72]

PERSPECTIVA DE GÉNERO/GÊNERO

Forma de encarar as situações e assuntos, tendo em conta os respectivos papéis e contribuições dos homens e das mulheres na sociedade.

PESO DA PREFERÊNCIA

Valor numérico que descreve as preferências ou utilidade em função de variáveis específicas. [130]

PESOS DOS FATORES

Na modelação de equações estruturais, as associações entre as variáveis latentes e as variáveis medidas observadas são usadas para as definir. São interpretadas como coeficientes de regressão não padronizados estimando o efeito do fator latente no indicador. A variável medida é a variável de resultado/desfecho, a variável latente é a variável explicativa e o peso do fator é a inclinação. Pesos dos fatores em soluções padronizadas são interpretados como correlações entre as variáveis medidas e as latentes, desde que o indicador tenha peso em apenas um único fator. Na identificação da mudança de resposta, uma mudança no padrão dos pesos dos fatores sugere uma reconceitualização. Uma mudança na magnitude dos pesos dos fatores implica repriorização. [55, 184, 186]

PLACEBO

Qualquer terapia (ou componente de qualquer terapia) que é intencional ou conscientemente utilizada pelo seu efeito terapêutico não específico, em termos psicológicos ou psicofisiológicos, ou que é utilizado devido a um presumível efeito terapêutico num paciente, sintoma ou doença mas que não apresenta atividade específica para as condições em tratamento. [292]

PLANO DE CUIDADOS

Plano de ação personalizado que especifica os cuidados de saúde e sociais de que a pessoa necessita, baseado nos seus riscos, défices, limitações e restrições; deve incluir aspectos individuais, cuidados a serem prestados, participação dos cuidadores, objetivos do plano, data de revisão e consentimento da pessoa avaliada para partilhar o plano com a equipe de cuidados. O plano de cuidados personalizado deve também identificar na avaliação o estilo de vida e as potencialidades da pessoa, incluindo as suas capacidades, interesses e desejos. O plano de cuidados deve ser impresso num formato adequado ao indivíduo e ao(s) seu(s) cuidador(es). [233]

PLATAFORMA DE ENSAIO

Extensão do ensaio adaptativo que tem como objetivo geral a identificação do melhor tratamento para uma condição de saúde, por meio da investigação simultânea de vários tratamentos. Este planeamento/planejamento exige a utilização de métodos estatísticos especializados para a alocação de pacientes e para a análise de resultados/desfechos. O foco é na condição de saúde e não em qualquer terapia experimental particular. As plataformas de ensaio usam regras de decisão (por ex. baseadas na probabilidade de um tratamento ser benéfico ou de um sucesso num ensaio confirmatório futuro) para determinar o momento em que um determinado regime de tratamento demonstrou eficácia suficiente para "ser promovido" de ensaio para a etapa seguinte de desenvolvimento ou para a implementação. As probabilidades Bayesianas também podem ser utilizadas para determinar quando um tratamento deve ser eliminado do ensaio, ou de subgrupos de pacientes, por já não ser suficientemente informativo. A vantagem das plataformas de ensaio é que podem ser testadas várias intervenções, mas as menos eficazes podem ser eliminadas de forma a que as pessoas possam posteriormente ser alocadas a intervenções mais promissoras. Embora tenha sido concebida para a avaliação de produtos farmacêuticos, esta forma de ensaio pode ser usada para testar diferentes tipos de intervenções. [29]

PODER DE RESPOSTA

Ver MUDANÇA

POLITÓMICA/POLITÔMICA

Variável categórica com 3 ou mais categorias. [259]

PONTUAÇÃO/ESCORE DE PROPENSÃO

Probabilidade de exposição a um dado tratamento, sabendo que se observou um conjunto de covaráveis específicas (é uma probabilidade condicionada). [65, 259, 273] A pontuação/escore de propensão é uma forma eficiente de gerir múltiplas variáveis que têm impacto sobre variáveis de exposição, sem ter que se ajustar para cada variável separadamente. Uma pontuação/escore de propensão pode ser estimada para cada indivíduo por meio do ajustamento de um modelo de regressão logística, onde a exposição assume o papel de variável dependente e as variáveis de confundimento observadas são incluídas no modelo como variáveis explicativas. As probabilidades de propensão previstas a partir deste modelo são as estimativas das pontuações de propensão que, por definição, estão compreendidas entre zero e um. Podem ser usados outros modelos para estimar as pontuações de propensão, mas o modelo de regressão logística é o mais usado. [344] Vejamos por exemplo a situação em que um investigador pretende estudar se as pessoas com doença respiratória crónica/crônica que praticam exercício físico têm melhor qualidade de vida relacionada com a saúde (QVRS) do que as pessoas que não praticam exercício físico. No entanto, muitas variáveis estão associadas quer com o fator de exposição (praticar exercício) quer com o resultado/desfecho (QVRS); são normalmente demasiadas para serem utilizadas de forma realista num modelo estatístico. A pontuação/escore de propensão pode ser usada para estimar a propensão de um indivíduo praticar exercício físico e essa pontuação pode depois ser usada para emparelhamento, ajustamento ou estratificação.

PONTUAÇÃO/ESCORE Z

Uma pontuação/escore padrão obtida pela transformação de uma variável para ter uma média de zero e um desvio padrão de um. A pontuação/escore é calculada subtraindo a média da população do valor observado e dividindo pelo desvio padrão da população normal. [71, 259]

PÓS-TESTE

No contexto de um ensaio randomizado, um pós-teste pode ser feito para estimar a eficácia de uma intervenção uma vez que, por causa da randomização, os grupos têm a mesma distribuição na linha de base. Como alternativa, no contexto da investigação em qualidade de vida, os resultados de qualidade de vida não podem ser avaliados quando as pessoas estão gravemente doentes, mas o impacto a longo prazo de uma intervenção relacionada com a qualidade de vida é relevante; aqui apenas o valor pós-teste é analisado uma vez que o valor pré-teste não foi obtido. [200, 203]

POTÊNCIA

Capacidade de um estudo para detectar a diferença entre dois tratamentos ou dois níveis de um fator, se essas diferenças existirem de facto/fato; é expressa como 1-probabilidade de cometer um erro tipo II (1-β), que é o risco que o investigador está disposto a assumir ao afirmar que dois tratamentos não diferem, embora eles difiram. Estudos com sub-potência podem falsamente concluir que uma intervenção não apresenta efetividade quando, na realidade, ela pode muito bem ser efetiva; consequentemente, quando se analisam estudos clínicos com amostras pequenas é importante examinar a estimativa do efeito assim como o seu intervalo de confiança, em vez de examinar apenas o valor de p. [132] Ver também ERRO DE TIPO II.

PRÁTICA BASEADA NA EVIDÊNCIA

Integração da experiência clínica, da melhor evidência atual, e dos valores do paciente para fornecer serviços de elevada qualidade que refletem os interesses, valores, necessidades e escolhas dos indivíduos servidos. [47]

PRECISÃO

Índice de até que ponto os resultados podem ser replicados de uma medição para a seguinte. Como tal, pode ser uma estatística descritiva útil quando aplicada a testes, mas não faz a distinção entre fiabilidade/confiabilidade inter e intra-avaliador, nem incorpora o próprio conceito de fiabilidade/confiabilidade, que reflete a capacidade do instrumento de distinguir entre pessoas. No contexto da estatística, este termo aplica-se à dispersão provável das estimativas de um parâmetro num modelo estatístico, é medida pelo erro-padrão do estimador que pode ser atenuado, aumentando assim a precisão, utilizando amostras de maior dimensão. [94, 306]

PREFERÊNCIA

Desejo de um determinado resultado/desfecho ou estado de saúde. [328]

PREFERÊNCIAS POR CUIDADOS

Desejos, perspectivas e escolhas das pessoas sobre a sua língua e comunicação, crenças, cuidados pessoais, local onde desejam viver, forma como a sua independência e potencial podem ser maximizados e como devem ser tratados. [233]

PRESTADOR DE CUIDADOS DE SAÚDE PRIMÁRIOS

Profissional de saúde que presta cuidados de saúde personalizados, ao longo do tempo. Um prestador de cuidados de saúde primários tem a possibilidade de prestar um leque amplo de cuidados, preventivos e curativos, discutir opções de tratamento e encaminhar o paciente para um especialista hospitalar. [123]

PREVALÊNCIA

Número de pessoas afetadas existentes numa população num momento específico. Quando comparado com o número de pessoas que constituem a população naquele momento, o termo mais correto é taxa de prevalência. [132]

PREVENÇÃO

Conjunto de intervenções que previnem a ocorrência da doença ou que são objetivadas nos cinco níveis de prevenção definidos abaixo, [259] considerando que as estratégias de prevenção, para serem efetivas, devem funcionar e interagir com todos os níveis. Elimina ou minimiza o impacto da doença e incapacidade ou retarda o processo da doença e incapacidade.

1. PREVENÇÃO PRIMORDIAL: consiste no estabelecimento de condições ou ações para minimizar as ameaças à saúde, para prevenir o surgimento de fatores de risco que podem por sua vez ser o objeto da prevenção primária, por outras palavras, prevenindo o próprio fator de risco. Habitualmente alcançada por meio de políticas de saúde; a proibição do consumo de tabaco em locais públicos ou a criação de espaços verdes na comunidade são disso exemplos.

2. PREVENÇÃO PRIMÁRIA: visa prevenir a ocorrência inicial de um distúrbio de saúde por meio de esforços individuais ou da comunidade, tais como o aumento da atividade física e a melhoria do estado nutricional, a redução dos riscos ambientais, bem como o incremento da qualidade da água e a imunização contra doenças infeciosas. É considerado o papel nuclear da saúde pública e inclui a promoção da saúde.

3. PREVENÇÃO SECUNDÁRIA: tem por objetivo reduzir a prevalência da doença encurtando a sua duração. No caso das doenças sem cura, as estratégias de prevenção secundária visam aumentar a sobrevivência e a qualidade de vida. Contudo, isso irá também aumentar a prevalência da doença. Os programas de rastreio são exemplos de prevenção secundária, bem como a maioria das intervenções clínicas.

4. PREVENÇÃO TERCIÁRIA: visa prevenir as sequelas das condições clínicas incluindo recaídas, a emergência de novas condições crónicas/crônicas e a incapacidade. A disponibilização de reabilitação efetiva é considerada um dos principais métodos de prevenção terciária.

5. PREVENÇÃO QUATERNÁRIA: corresponde às ações para identificar os pacientes em risco de excesso de diagnóstico ou de tratamento e para proteger as pessoas do tratamento médico excessivo prevenindo a iatrogenia. A identificação das pessoas em risco de

polimedicação e o estabelecimento de um programa de vigilância médica são exemplos de prevenção quaternária. [150, 248]

PREVENÇÃO DA DOENÇA

A intervenção no âmbito do setor da saúde para lidar com os indivíduos e as populações sinalizadas como portadoras de fatores de risco identificáveis, frequentemente associados a diferentes comportamentos de risco. [242]

PROBABILIDADE

Possibilidade de ocorrência de um determinado evento; no contexto de um evento relacionado com a saúde, é usualmente expressa como a proporção daqueles que vivem o evento face ao total dos que estavam expostos ao risco de o viver. [145]

PROBABILIDADE *A POSTERIORI*

Probabilidade de ocorrência de um acontecimento ou observação calculada com base nos dados existentes. Na tomada de decisão clínica, corresponde à probabilidade de um indivíduo ter a doença dado que tem um sintoma. Na análise baseada na trajectória do grupo, corresponde à probabilidade de um indivíduo pertencer a um padrão de comportamento longitudinal específico definido a partir dos dados. [176]

PROCESSO DE GRUPO NOMINAL

Variante estruturada de debate de ideias, com recurso a um pequeno grupo de discussão e que tem por intuito a obtenção de consenso. Cada membro do grupo escreve as suas ideias sobre o tópico de discussão proposto e, em seguida, propõe uma delas para discussão em grupo; o processo é repetido até que não surjam mais ideias, passando-se à priorização de cada uma das ideias por parte do grupo. O processo estruturado de gerar e priorizar ideias evita que uma só pessoa domine a discussão, encoraja os elementos mais passivos do grupo a participar e resulta num conjunto de soluções ou recomendações priorizadas. [42, 73, 125]

PROGRAMA DE CUIDADOS

Tratamento e cuidados específicos para uma determinada condição clínica, baseados em orientações nacionais, normas e protocolos que incorporam as melhores práticas e orientações baseadas na evidência. Os programas de cuidados que direcionam a atuação profissional de acordo com as expectativas individuais são multiprofissionais, ultrapassam as barreiras organizacionais; e podem atuar como indutores de cuidados. Fornecem um padrão consistente de documentação que também permite auditorias contínuas. [233]

PROMOÇÃO DA SAÚDE

Processo que permite às pessoas aumentar o controle sobre os determinantes de saúde e, deste modo, melhorar a sua saúde. A promoção da saúde é um processo social e político abrangente, que incorpora iniciativas para fortalecer as competências e capacidades dos indivíduos. Inclui também iniciativas orientadas para a mudança social, ambiental e de condições económicas/econômicas. A promoção da saúde requer três estratégias: (i) defender a criação de condições essenciais à saúde; (ii) permitir que todas as pessoas alcancem o seu potencial de saúde plena, e (iii) mediar os diferentes interesses da sociedade na procura da saúde. [242, 359]

PROSPECTIVO

Estudo de acontecimentos durante um determinado período de tempo, com início no presente e com continuidade no futuro. Este tipo de observação aplica-se a determinados tipos de estudos de coorte. [132]

PSICOMETRIA

Campo de estudo e de prática que trata das teorias e técnicas de medição psicológica. As principais tarefas psicométricas incluem o desenvolvimento de modelos de avaliação e de instrumentos psicológicos, a conceção e realização de avaliações, e em seguida, a análise e interpretação das medições. A psicometria moderna incorpora a Teoria Clássica dos Testes, a Teoria de Resposta ao Item, a Teoria da Medição de Rasch e a Teoria da Utilidade. [220] Ver também TEORIA CLÁSSICA DOS TESTES, TEORIA DE RESPOSTA AO ITEM, TEORIA DA MEDIÇÃO DE RASCH, TEORIA DA UTILIDADE.

Q

QUADRO DE REFERÊNCIA

Conjunto de experiências dos contextos físico, mental e ambiental que um indivíduo utiliza para responder a questões sobre um estado de saúde ou qualidade de vida, como por exemplo estados vividos no passado, estados de outras pessoas ou expectativas. Ao longo do tempo, o quadro de referência pode mudar e esta mudança é um fator que contribui para a alteração da resposta. [263]

QUALIDADE DA MORTE

Uma morte sem aflição e sofrimento evitáveis para os pacientes, famílias, e cuidadores. Em geral, de acordo com os desejos do paciente e familiares e razoavelmente consistente com padrões clínicos, culturais e éticos. [12]

QUALIDADE DE VIDA (QV)

Termo que muitas vezes é erradamente utilizado para referir a qualidade de vida relacionada com a saúde ou o estado de saúde, mas que é mais amplo do que a saúde e inclui componentes de conforto material, saúde e segurança pessoal, relações, aprendizagem, expressão criativa, oportunidade de ajudar e encorajar outros, participação na vida pública, socialização e lazer. A OMS definiu a qualidade de vida como sendo a percepção que os indivíduos têm da sua posição na vida, no contexto da cultura em que se inserem e em relação aos seus objetivos, expectativas, padrões e preocupações. No contexto da investigação em saúde, a qualidade de vida, para além da descrição dos estados de saúde, é um reflexo da forma como os indivíduos compreendem e reagem ao seu estado de saúde e a outros aspectos não médicos da sua vida. Segundo Aristóteles, qualidade de vida seria o melhor tipo de vida, a vida mais feliz, a vida com virtude, consistindo em: (i) contemplação intelectual ou teórica, que inclui a atividade científica, considerada a forma primária de felicidade; e (ii) virtude prática ou moral, que inclui a coragem, a moderação, a generosidade e a justiça, a forma secundária de virtude. Num contexto atual, isto significa que qualidade de vida corresponde a uma vida em que as pessoas necessitam de pensar ou contemplar aspectos de envolvimento na vida e a seguir atuar de forma moral ou, por outras palavras, serem simultaneamente inteligentes e agradáveis. [110, 111, 128, 140, 313]

QUALIDADE DE VIDA EM ANIMAIS (QV-A)

Estado da vida de um animal tal como é percebido por este em qualquer momento no tempo. É um sentimento de bem-estar que envolve um equilíbrio entre os estados afetivos positivos e negativos e qualquer avaliação cognitiva destes, desde que o animal tenha capacidade para tal. De certa maneira, a QV pode ser prevista pelo cumprimento de saúde básica e saúde específica da espécie e das necessidades sociais e ambientais (e preferências individuais por estas) sendo que se reflete na saúde e no comportamento animal. O bem-estar animal é um conceito intimamente ligado à QV animal e foi avaliado em animais de criação utilizando as cinco liberdades: (i) livre de fome e sede; (ii) livre de dor, ferimento e doença; (iii) livre de desconforto; (iv) livre de medo e angústia; e (v) livre para expressar o comportamento normal. [98] Nos animais de estimação, a QV tem-se focado principalmente em parâmetros comportamentais e de saúde física, embora estas liberdades também se apliquem. [213, 308, 355] Ver também QUALIDADE DE VIDA RELACIONADA COM A SAÚDE EM ANIMAIS.

QUALIDADE DE VIDA NO FIM DE VIDA

Experiência de viver uma vida satisfatória à luz de uma doença terminal; foca-se no estado funcional ou no cumprimento de necessidades essenciais à vida mesmo quando a pessoa está perto da morte, momento que poderá ou não ser reconhecido pelos pacientes, entes queridos, ou cuidadores. [252]

QUALIDADE DE VIDA RELACIONADA COM A SAÚDE (QVRS)

Termo que se refere aos aspectos de saúde da qualidade de vida; é amplamente considerado que reflete o impacto da doença e do tratamento sobre a deficiência e funcionamento diário; considera-se também que reflete o impacto da percepção de saúde sobre a capacidade que um indivíduo tem de viver uma vida plena. No entanto, mais especificamente, a QVRS é uma medida do valor atribuído à duração da vida, modificado pelas deficiências, pelos estados funcionais, pelas percepções e oportunidades, e influenciado por doenças, ferimentos, tratamentos e políticas. [159]

QUALIDADE DE VIDA RELACIONADA COM A SAÚDE EM ANIMAIS (QVRS-A)

Não há qualquer razão para que o conceito de QV se aplique apenas às pessoas, porque os animais sofrem de muitos dos mesmos sintomas e limitações de atividade que têm impacto na QdV, tal com acontece com as pessoas. Os animais não podem falar, mas têm respostas afetivas à sua situação que são observáveis e que os seus donos podem testemunhar. Estas características observáveis são mudanças no comportamento, na atitude e na conduta. Os domínios seguintes foram identificados como parte da QVRS em cães: atividade, conforto, apetite, extroversão-introversão, agressividade, ansiedade, estado de alerta, dependência, contentamento, consistência, agitação, postura-mobilidade e compulsão. [69, 127, 213, 266, 353, 354] Ver também QUALIDADE DE VIDA EM ANIMAIS.

QUALIDADE DE VIDA RELACIONADA COM O PESO

Efeito do excesso de peso na capacidade de viver uma vida realizada. [41, 310]

QUALIDADE DO PROCESSO DE MORRER E DA MORTE

Grau em que as preferências que a pessoa tinha sobre o processo de morrer e o momento da morte estão de acordo com observações de outros sobre como a pessoa de facto/fato morreu. [252]

QUALIDADE DO PROCESSO DE MORTE

Avaliação pessoal da experiência do processo de morte como um todo, incluindo uma avaliação subjetiva de conceitos de acordo com as expectativas e os valores. [305]

QUALIDADE DOS CUIDADOS

Grau em que os serviços de saúde destinados aos indivíduos e populações aumentam a probabilidade de obter os resultados/desfechos em saúde desejados, e são consistentes com o conhecimento profissional atual.

QUALIDADE DOS CUIDADOS DE FIM DE VIDA

Satisfação com os cuidados recebidos no final da vida, um fator que poderá influenciar a qualidade do processo de morrer e da morte e a qualidade de vida no final da vida, mas é conceitual e operacionalmente único. [252]

QUESTIONÁRIO

Termo muitas vezes utilizado para descrever uma medida de resultado/desfecho reportado pelo paciente ou outro grupo de itens reportados pelo próprio. No contexto da teoria moderna da medição, o termo questionário seria melhor utilizado para descrever um método de obter dados sobre características pessoais e ambientais dos participantes no estudo.

QUIMIOPROFILAXIA

Uso de substâncias naturais ou fabricadas em laboratório para prevenir o desenvolvimento do cancro/câncer. [123] No entanto, a quimioprofilaxia não se faz apenas no cancro/câncer, é também usada em doenças infecciosas.

R

RASTREIO

Utilização de testes para ajudar a diagnosticar a doença ou as suas condições precursoras, na fase inicial da sua história natural ou no espectro menos grave do que o habitual. O pressuposto do rastreio é que as pessoas que estão sendo rastreadas são consideradas normais, na medida em que não têm sintomas ou manifestações evidentes de doença. O rastreio difere da constatação de um diagnóstico, entre os indivíduos sintomáticos, ainda que possa ser utilizado o mesmo teste. O rastreio deve ser reservado para situações em que há uma intervenção eficaz, que permita que uma intervenção mais precoce melhore o prognóstico. Se o teste de rastreio conseguir detectar a doença mais cedo, se o teste que está disponível tem custo acessível e aceitável, então a doença constitui uma prioridade de saúde e os benefícios do rastreio excedem os custos. [259] O rastreio é recomendado para muitos tipos de cancro/câncer, para algumas condições neurológicas fatais onde não existe tratamento eficaz disponível. Deve ser debatido, sendo uma questão de escolha pessoal. [270]

RAZÃO

Valor que se obtém dividindo uma quantidade por outra. O numerador e o denominador podem ser apresentados em unidades diferentes. [259]

RAZÃO DE CHANCES

Razão de duas chances: as que estão associadas às pessoas com o fator em estudo em relação àquelas que estão associadas às pessoas sem o fator em estudo. [176]

RAZÃO DE RISCO

Ver RAZÃO DE RISCO PROPORCIONAL DE COX

RAZÃO DE RISCO PROPORCIONAL DE COX

Método estatístico usado para analisar dados de sobrevivência ou qualquer outro tipo de dados em que se estuda o tempo para produzir um resultado/desfecho. Assume-se que o efeito de fatores explicativos sobre a taxa de risco (taxa instantânea de produção de um resultado/desfecho num determinado momento) não varia ao longo do tempo. Avalia a probabilidade instantânea de um indivíduo, que está bem num determinado momento, ter no instante seguinte esse resultado/desfecho. [259]

REABILITAÇÃO

Estratégia de saúde que aplica e integra abordagens para otimizar a capacidade individual, através do reforço dos recursos da pessoa, no sentido de a capacitar e manter a funcionalidade ideal e, em última análise, para melhorar os aspectos de saúde na qualidade da vida. A reabilitação é aplicada no decurso de uma condição de saúde a todos os grupos etários, ao longo e através de cuidados contínuos em hospitais, centros de reabilitação e na comunidade, e abrange vários setores, incluindo a saúde, a educação, o trabalho e os assuntos sociais, com o objetivo de permitir que pessoas com problemas de saúde ou com possibilidade de terem uma incapacidade atinjam e mantenham uma funcionalidade otimizada. Neste contexto, a reabilitação é baseada no modelo integrado CIF da OMS. [219] Ver também CLASSIFICAÇÃO INTERNACIONAL DE FUNCIONALIDADE, INCAPACIDADE E SAÚDE (CIF).

1. REABILITAÇÃO RESPIRATÓRIA: intervenção baseada na evidência, multidisciplinar e abrangente, para individuos com doenças respiratórias crónicas/crônicas, sintomáticas e que muitas vezes fizeram diminuir as suas atividades da vida diária. Integrada no tratamento individualizado do paciente, a reabilitação respiratória destina-se a reduzir os sintomas, otimizar o estado funcional, aumentar a participação e reduzir os custos dos cuidados de saúde, através da estabilização ou reversão das manifestações sistémicas da doença. [234]

2. REABILITAÇÃO ONCOLÓGICA: implica ajudar a pessoa com cancro/câncer a alcançar a máxima funcionalidade física, social, psicológica e profissional, dentro dos limites impostos pela doença e pelo seu tratamento ao longo de todo o processo de cuidados oncológicos. [126]

RECUPERAÇÃO

Processo de restabelecimento da saúde ou da condição normal depois de uma doença, ferimento ou período de dificuldade. [217]

RECUPERAÇÃO (SAÚDE MENTAL)

Processo pessoal, que as pessoas com prolemas de saúde mental atravessam quando estão a conseguir controle, significado e sentido nas suas vidas, com o objetivo último de viver uma vida satisfatória, com esperança e útil, mesmo quando os problemas de saúde mental e de doença mental causam limitações contínuas. A recuperação é diferente em cada pessoa. Para alguns, significa a ausência completa de sintomas de doença mental; para outros, significa viverem uma vida plena na comunidade enquanto aprendem a viver com os sintomas. [10, 44, 216]

RECUPERAÇÃO PÓS-OPERATÓRIA

Processo que requer energia para voltar à normalidade e integridade, conforme definido pelas normas, conseguido através do restabelecimento do controle físico, psíquico, social e das funções habituais, que resulta num retorno aos níveis pré-operatórios de independência/dependência nas atividades de vida diária e a um nível ótimo de bem-estar psíquico. [5]

REDE SOCIAL

Dentro da teoria de rede formal, o termo rede refere-se aos laços que ligam um conjunto específico de indivíduos ou outras entidades sociais, tais como empresas, grupos ou famílias; o âmbito e a extensão das redes pessoais são usados na aferição da integração social. [56, 142]

REGRESSÃO DE TODOS OS SUBCONJUNTOS POSSÍVEIS

Forma de escolha de um modelo de regressão no qual todos os possíveis modelos são estimados, considerando todos os possíveis subconjuntos de variáveis explicativas formados a partir de k variáveis. A escolha do "melhor" modelo é baseada no valor de uma estatística, como a estatística Ck de Mallow. [94]

RESERVA

Recursos psicológicos e funcionais a que o indivíduo tem de recorrer para satisfazer exigências relacionadas com a saúde. [19] Pode ser medida pela diferença entre capacidade (o que a pessoa pode alcançar no máximo) e desempenho (o que faz nas atividades do dia-a-dia) e representa as competências latentes ou inativas a que pode recorrer em situações de reconhecida necessidade. Ao nível do cérebro, faz-se a distinção entre reserva cerebral e reserva cognitiva. Considera-se que a primeira é a capacidade potencial do cérebro para lidar com danos neuronais e é medida por meio de aspectos estruturais como a dimensão do cérebro e a contagem de sinapses; a reserva cognitiva é a capacidade de otimizar e maximizar o desempenho através do recurso a redes cerebrais e/ou compensação por meio de estratégias cognitivas alternativas. Pensa-se que a reserva cognitiva é construída por meio de estimulação cognitiva intensiva, particularmente na infância, e está relacionada com educação, profissão, inteligência e atividades de lazer. [19, 179, 240]

RESERVA COGNITIVA

Ver RESERVA

RESIDENTE NA COMUNIDADE

Descrição de uma população que vive na comunidade e não numa instituição.

RESILIÊNCIA

Capacidade intrínseca de um sistema ajustar o seu funcionamento antes, durante ou após ocorrerem alterações e perturbações. Os sistemas resilientes são definidos como aqueles que (i) rapidamente adquirem informação sobre os seus contextos, (ii) rapidamente adaptam os seus comportamentos e estruturas às circunstâncias alteradas, (iii) comunicam fácil e profundamente com outros e (iv) mobilizam amplamente redes de conhecimento especializado e suporte material. [85, 231] Ao nível individual, a resiliência é o processo de negociar, gerir e adaptar-se a fontes significativas de ansiedade ou trauma. Os bens e os recursos do indivíduo, a sua vida e contexto facilitam esta capacidade de adaptação e resistência face à adversidade. [351, 352]

RESPOSTA MÉDIA PADRÃO

Medida da magnitude do efeito calculada dividindo a alteração média pelo desvio padrão da alteração dos resultados. [184]

RESTRIÇÃO DE PARTICIPAÇÃO

No contexto da saúde, são problemas que um indivíduo pode encontrar quando está envolvido numa situação da vida; os problemas podem ter a ver com a capacidade ou com o desempenho; é um componente do termo genérico incapacidade, de acordo com a definição da CIF da OMS, que inclui também deficiências e limitações de atividade. [338] Ver também CLASSIFICAÇÃO INTERNACIONAL DE FUNCIONALIDADE, INCAPACIDADE E SAÚDE (CIF).

RESULTADO/DESFECHO

No contexto da saúde, um aspecto da saúde física, emocional, mental e social de um indivíduo, em que é esperada uma mudança devida a uma intervenção deliberada, ou que se altere na presença de um outro fator pessoal, de saúde ou ambiental. Kerr White criou a terminologia dos 5D para os resultados/desfechos em saúde [morte (*death*), doença (*disease*), desconforto (*discomfort*), incapacidade (*disability*), insatisfação (*dissatisfaction*)]. [331] Uma lista mais atual seria mortalidade (*death*, morte), morbidade (*disease*, doença), incapacidade (*disability*, que engloba desconforto no contexto da CIF), insatisfação (*dissatisfaction*, com o processo ou com o resultado/desfecho) e custo (ou os 6D, insuficiências que poderão ser da pessoa ou do sistema de cuidados de saúde). [17] Ver também CLASSIFICAÇÃO INTERNACIONAL DE FUNCIONALIDADE, INCAPACIDADE E SAÚDE (CIF).

RESULTADO/DESFECHO CENTRADO NO PACIENTE

Resultados/desfechos importantes para os pacientes: sobrevivência, sintomas, função e qualidade de vida relacionada com a saúde. [255]

RESULTADO/DESFECHO DE MEDIDAS DE DESEMPENHO (PerfRO ou PerfO)

Ver DESEMPENHO

RESULTADO/DESFECHO EM SAÚDE

Aspecto da saúde física, emocional, mental ou social de um indivíduo, em que é esperada uma mudança decorrente de uma intervenção deliberada, ou que se altere na presença de um outro fator pessoal, de saúde ou ambiental. [108]

RESULTADO/DESFECHO INTERMÉDIO DE SAÚDE

Mudanças nos determinantes de saúde (estilos de vida e condições de vida) atribuíveis a uma ou mais intervenções planeadas/planejadas. [242]

RESULTADO/DESFECHO REPORTADO PELO PACIENTE (PRO)

Também designando por PRO (*Patient Reported Outcomes*), é uma medição de um aspecto qualquer da saúde do paciente que vem diretamente dele sem que as suas respostas sejam interpretadas por um médico ou qualquer outra pessoa. [71, 102] Pode-se distinguir entre os resultados/desfechos para os quais nenhuma outra interpretação é válida, como a classificação de sintomas ou a dificuldade na realização de uma atividade, e os resultados/desfechos em que a verificação é possível. Por exemplo, o paciente pode ser uma boa fonte de informação sobre limitações na função física mas, se for necessário, as informações que ele transmite podem ser verificadas por observação do desempenho. O termo resultado/desfecho auto-reportado representa melhor este tipo de constructo. [197]

RESULTADO/DESFECHO REPORTADO PELOS CLÍNICOS (ClinRO ou CRO)

Na fase final do estudo, os resultados/desfechos reportados pelos clínicos tanto são observados por um perito (por ex., um médico), como por outro profissional de saúde ou uma pessoa treinada (por ex., o tratamento de infeção e a ausência de lesões), ou então requerem interpretação por esses peritos (por ex., resultados radiológicos ou resposta tumoral). Os resultados/desfechos reportados pelos clínicos são preenchidos pelo profissional, utilizando informação sobre o paciente. [346]

RESULTADO/DESFECHO REPORTADO POR OBSERVADOR (ObsRO)

Resultado/desfecho reportado por um indivíduo, que não tem necessariamente de ser um especialista, mas que reporta um comportamento observado de outro indivíduo que não pode responder ele próprio. Os observadores não reportam os sentimentos de outros indivíduos (por ex. dor, fadiga), mas sim o que observam sobre o comportamento dos outros (por ex. choro, cuidados pessoais, mobilidade, etc.). [102]

RETROSPECTIVO

Análise de eventos que ocorreram no passado durante um determinado período de tempo. Este tipo de observação pode ser aplicado a estudos caso-controle e a alguns estudos de coorte; nos estudos de coorte, o termo coorte histórica é preferível a estudo de coorte retrospectivo. [132]

RETROVERSÃO

Ato de traduzir de volta para a língua original a partir da língua alvo, para determinar se a tradução é fiel ao significado pretendido do documento original.

REUNIÃO DE BALANÇO

Do inglês *debriefing*, processo de revisão cuidadosa de uma missão ou experiência, quando finalizada. [217] Também corresponde à reunião de interpretação com pacientes que faz parte da validade de conteúdo de um instrumento de medição. Ver também VALIDADE DE CONTEÚDO.

REVISÃO COCHRANE

Revisão sistemática de investigação em cuidados de saúde e políticas de saúde publicada pela *Cochrane Database of Systematic Reviews*. Existem 3 tipos de revisões Cochrane: (i) revisões de intervenções, que avaliam os benefícios e malefícios de intervenções usadas nos cuidados de saúde e em política da saúde; (ii) revisões de exatidão de testes de diagnóstico, que avaliam o desempenho de um teste de dianóstico no diagnóstico e detecção de determinada doença; e (iii) revisões metodológicas, que abordam questões relevantes sobre a forma como revisões sistemáticas e ensaios clínicos são realizados e reportados. As revisões Cochrane baseiam as suas conclusões nos resultados de ensaios que cumprem determinados critérios de qualidade, já que os estudos mais fidedignos proporcionam a melhor evidência para tomar decisões sobre cuidados de saúde. Os autores de revisões Cochrane utilizam metodologias que reduzem o impacto de vieses nos diferentes momentos do processo de revisão, incluindo: (i) identificação de estudos relevantes a partir de diferentes fontes (incluindo fontes não publicadas); (ii) seleção de estudos para inclusão e avaliação de pontos fortes e limitações com base em critérios claros e predefinidos; (iii) recolha/coleta sistemática de dados; e (iv) síntese apropriada dos dados. [168, 311]

REVISÃO DE NARRATIVAS

Resumos qualitativos de evidências sobre um tópico específico. Dado que este tipo de revisão muitas vezes não descreve explicitamente como os revisores pesquisaram, selecionaram e avaliaram os estudos incluídos na revisão, as revisões sistemáticas são cada vez mais preferidas nas revistas da área biomédica. [204]

REVISÃO DO ÂMBITO

Método entre muitos que pode ser usado para fazer a revisão da literatura. A revisão do âmbito (do inglês *scoping review*) partilha algumas semelhanças com as revisões sistemáticas, mas difere em vários aspectos importantes. A questão é de natureza mais exploratória uma vez que o objetivo é, geralmente, examinar a extensão, o alcance e a natureza da atividade de investigação num determinado campo de estudo, sem necessariamente extrair os dados ou tentar avaliar a sua qualidade. A revisão do âmbito apresenta um perfil da literatura existente sobre um determinado tópico, o que pode apontar para áreas em que uma revisão sistemática seria útil ou identificar áreas da literatura onde existem ainda questões em aberto. O processo de delimitação do âmbito é iterativo e é usado para estimar o volume da literatura em questão, bem como os custos estimados para a conseguir. Há maior necessidade de uma revisão de âmbito quando o assunto a ser pesquisado é interdisciplinar. [14, 342]

REVISÃO ESTRUTURADA

Forma de revisão que é estruturada em termos de definição explícita da pesquisa, seleção, extração de dados e critérios de avaliação, mas que é feita principalmente por um revisor. [196, 221] Ver também REVISÃO SISTEMÁTICA.

REVISÃO SISTEMÁTICA

Evidência empírica que cumpre critérios de elegibilidade pré-definidos, coligida para responder a uma determinada questão de investigação. Implica a utilização de uma metodologia explícita e sistemática que é escolhida para minimizar vieses, fornecendo assim resultados que são fiáveis/confiáveis e com base nos quais se podem tirar conclusões e tomar decisões. As características chave de uma revisão sistemática incluem: (i) objetivos claros e com critérios de elegibilidade pré-definidos; (ii) metodologia explícita e reprodutível; (iii) busca de estudos minuciosa e sistemática, identificando todos os estudos que cumprem os critérios de elegibilidade pré-definidos; (iv) avaliação da validade dos resultados obtidos dos estudos incluídos (por ex., avaliação do risco de vieses); e (v) apresentação e síntese sistemática das características e resultados dos estudos incluídos. Muitas revisões sistemáticas também incluem meta-análises. [137, 196, 221] Ver também META-ANÁLISE.

RISCO RELATIVO

Razão entre o risco no grupo de indivíduos expostos ao fator de risco (indivíduos expostos ao tratamento) e o risco no grupo de controle (indivíduos não expostos). O risco relativo pode também ser definido como a probabilidade de ocorrência de um acontecimento ou resultado/desfecho de saúde em indivíduos expostos, quando comparada com a probabilidade de ocorrência de um acontecimento ou resultado/desfecho de saúde em indivíduos não expostos. [132] O risco relativo é normalmente o parâmetro significativo em estudos longitudinais ou de coorte e é aproximado pela razão das chances (*odds ratio*) obtido a partir de um modelo de regressão logística apenas quando o resultado/desfecho é raro.

S

SATURAÇÃO DOS DADOS

Critério para julgar a adequação dos dados na pesquisa qualitativa, operacionalizado como sendo a recolha/coleta de dados até não serem obtidas novas informações. [74]

SAÚDE

Estado de completo bem-estar físico, social e mental e não simplesmente a ausência de doença ou enfermidade. A saúde é um direito humano fundamental e é considerada um recurso para a vida quotidiana e não o objetivo de vida. É um conceito positivo, que enfatiza tanto os recursos sociais e pessoais como as capacidades físicas. Os pré-requisitos para a saúde incluem a paz, recursos económicos/econômicos adequados, comida e abrigo, um ecossistema estável e a utilização sustentável dos recursos. [242, 359]

SAÚDE MENTAL

Estado de bem-estar em que cada indivíduo tem a noção do seu potencial, consegue lidar com o *stress* (stresse/estresse) normal da vida, e é capaz de contribuir para a comunidade. Manifesta-se pela forma como um indivíduo pensa, sente e age quando confrontado com situações da vida, incluindo lidar com o *stress* (stresse/estresse), relacionar-se com outras pessoas e tomar decisões. Um problema de saúde mental é um distúrbio psiquiátrico que resulta na perturbação do pensamento, dos sentimentos, do humor e da capacidade de um indivíduo se relacionar com os outros. Saúde mental não é apenas a ausência de doença mental. [194, 233, 343]

SAÚDE PÚBLICA

Conceito social e político visando melhorar a saúde, prolongar a vida e melhorar a qualidade de vida em populações por meio da promoção da saúde, da prevenção da doença e de outras formas de intervenção para a saúde. A saúde pública baseia-se numa compreensão abrangente da forma como estilos de vida e condições de vida determinam o estado de saúde, e num reconhecimento da necessidade de mobilizar recursos e de fazer investimentos sólidos em políticas, programas e serviços que criem, mantenham e protejam a saúde. [242]

SAÚDE PÚBLICA ECOLÓGICA

Conceito desenvolvido para responder às mutações dos problemas de saúde que decorrem da deterioração do ambiente global (destruição da camada do ozono/ozônio, poluição da água e do ar e aquecimento global). Este conceito destaca o espaço comum entre saúde e desenvolvimento sustentável, com enfoque nos determinantes económicos/econômicos e ambientais da saúde e na orientação que o investimento económico/econômico deve assumir para produzir os melhores resultados/desfechos de saúde da população, maior equidade na saúde e o uso sustentável dos recursos. [242]

SEGUNDA VIDA

Criada em 2003 pela empresa Linden Labs sediada em São Francisco, EUA, é um mundo de realidade virtual *online*, onde os utilizadores/usuários, denominados residentes, criam as suas identidades virtuais, chamadas avatares, e interagem com um ambiente simulado tridimensional, vivendo literalmente uma "segunda vida". Este mundo virtual tem diversas aplicações relacionadas com a saúde, incluindo educação, sensibilização para a saúde, grupos de apoio e até recrutamento de pessoas reais para projetos de investigação. É um contexto interessante para pessoas com deficiências, pois permite que tenham experiências que não lhes estão disponíveis no mundo "real". Há evidência de que comportamentos aprendidos no mundo virtual são transferidos para o mundo "real". [35] Ver também AVATAR.

SEGURANÇA E QUALIDADE DO MEDICAMENTO

Utilização segura, eficaz, adequada e eficiente dos medicamentos, que inclui a qualidade dos cinco componentes ou subsistemas do sistema de utilização de medicamentos: (i) seleção e aquisição do fármaco pela farmácia; (ii) prescrição e selecção do fármaco para o paciente; (iii) preparação e distribuição; (iv) administração do fármaco; e (v) monitorização dos efeitos no paciente em causa. Isto não inclui os riscos conhecidos associados à própria medicação, à pureza do produto, ou à sua integridade. [152]

SENSIBILIDADE

Probabilidade de uma técnica de diagnóstico detectar uma determinada doença ou condição quando ela de facto/fato existe num paciente; é calculada como a proporção de pessoas com a situação clínica, de acordo com um padrão-ouro ou teste de referência, que pontuam no intervalo positivo (ou afetado) de um teste ou índice; também referida como sendo a proporção de verdadeiros positivos, sendo 1-sensibilidade a proporção de falsos positivos. [47] Ver também ESPECIFICIDADE.

SEXO

Refere-se às características biológicas, como a anatomia (por ex., tamanho e forma do corpo) e a fisiologia (por ex. atividade hormonal ou funcionamento dos órgãos) que distinguem homens e mulheres. [301] Ver também GÉNERO/GÊNERO.

SINAL

Indicação objetiva de algum facto/fato médico ou de determinadas características que podem ser detectados durante um exame físico do paciente; edema de uma articulação é sinal de inflamação. [327]

SÍNDROME

Grupo de sinais e sintomas que ocorrem simultaneamente e que caracterizam uma determinada anomalia. [217]

SÍNTESE

Neste contexto, significa a contextualização e integração dos resultados da investigação de estudos de pesquisa individuais dentro de um conjunto mais amplo de conhecimentos sobre o tema. Uma síntese deve ser reprodutível e transparente nos seus métodos quantitativos e/ou qualitativos. Pode tomar a forma de revisão sistemática, seguir os métodos desenvolvidos pela Revisão Cochrane, resultar de uma reunião de consenso ou de um painel de peritos ou sintetizar resultados qualitativos ou quantitativos. São formas de síntese: sínteses realistas, narrativas, meta-análises, meta-sínteses e normas de orientação práticas. [135]

SINTOMA

Percepção, convicção ou sensação anormal sentida ou observada pelo paciente que pode indicar a presença de doença ou anomalia. Os sintomas só podem ser medidos pelos resultados/desfechos reportados pelo paciente (PRO). Os sintomas têm as dimensões de intensidade, frequência, duração, natureza, impacto e incómodo/incômodo. [197, 347]

SISTEMA DE CLASSIFICAÇÃO DE ESTADOS DE SAÚDE

Abordagem utilizada para identificar e rotular as dimensões e os seus níveis de funcionamento que descrevem estados de saúde gerais e específicos. [300]

SOBREVIVENTE

Indivíduo que sobreviveu a um problema de saúde que geralmente é fatal; termo usado no contexto de sobrevivência de acidente vascular cerebral ou de cancro/câncer. No que se refere ao sobrevivente de cancro/câncer, discute-se como e quando é que a pessoa pode ser considerada sobrevivente; para alguns, a pessoa é um sobrevivente desde o momento em que é feito o diagnóstico, prolongando-se ao longo da vida; para outros, a pessoa não é um sobrevivente até ao final do tratamento primário. [123]

SUBESCALA

Muitos instrumentos de medição são multidimensionais e desenhados para medir mais do que um constructo ou mais do que um domínio de um único constructo. Nessas circunstâncias, podem ser construídas subescalas nas quais os vários itens da escala são agrupados. Apesar de uma subescala poder consistir num único item, na maioria dos casos as subescalas consistem em múltiplos itens individuais que foram combinados numa pontuação/escore composta. Os valores nestas subescalas produzem um perfil para um indivíduo. [230]

T

TAMANHO DO EFEITO

Termo geral para uma medida estatística do tamanho de uma relação que está a ser investigada. Existem muitos estimadores (fórmulas) para determinar o tamanho do efeito, dependendo das relações em estudo. Por exemplo, quando dois grupos (tais como um grupo de tratamento e um grupo de controle) estão a ser comparados e o resultado é medido numa escala contínua (valor de um índice de QVRS), o tamanho do efeito de Cohen é a diferença encontrada entre os grupos sobre o desvio padrão na linha de base. Os tamanhos do efeito de Cohen têm sido classificados como insignificantes se <0,2, pequenos para 0,2 a 0,5, médios para 0,5 a 0,8 e grandes para > 0,8. Num estudo correlacional, um tamanho do efeito reflete a força da relação linear entre duas variáveis e as relações são consideradas fracas se se situarem entre 0,1 e 0,3, moderadas se entre 0,3 e 0,5 e fortes se > 0,5; no entanto, a quantidade de variância explicada (r^2) não é grande, a menos que r seja > 0,8. Em estudos de resultados binários, os tamanhos do efeito são expressos em razões de probabilidades ou riscos relativos. Os tamanhos do efeito são parâmetros e pode-se considerar que têm mais significado clínico do que as probabilidades estatísticas. Os tamanhos do efeito podem ser resumidos nos estudos, tal como é usual com a utilização de meta-análises. [55, 121, 228]

TAXA

Medida da frequência de ocorrência de um determinado resultado ou acontecimento numa determinada população e num determinado período de tempo. Para facilidade de interpretação, a taxa é normalmente expressa como um número/valor por unidade populacional. Em epidemiologia, o denominador para a taxa é pessoa-tempo. Todas as taxas são razões; algumas são proporções em que o numerador está contido no denominador. Uma taxa com pessoa-tempo no denominador não será uma proporção. [86, 259]

TAXA DE LETALIDADE

Em percentagem, representa o número de indivíduos mortos durante um determinado período de tempo após o início de uma doença ou diagnóstico dividido pelo número de indivíduos com essa doença. [132]

TECNOLOGIA DE APOIO

Tecnologia utilizada para ajudar as pessoas a manterem a sua independência, por exemplo através do uso de equipamentos e de adaptações nas suas casas. A tecnologia de apoio inclui inovações para auxiliar a comunicação, equipamentos para pessoas com deficiência auditiva, acesso para pessoas com deficiência visual, acesso ao computador para pessoas com dificuldades de aprendizagem, apoio para pessoas com demência, ligação entre a habitação e a tecnologia de apoio, mobilidade, e sempre que possível avaliação da capacidade física para orientar a conceção de projetos. Teleassistência, telemedicina e telessaúde são aplicações dentro da rubrica da tecnologia de apoio, pois permitem que os indivíduos sejam tratados fora do ambiente hospitalar, facilitam o trabalho dos médicos e das equipes de cuidados na comunidade, e tornam possível que os pacientes crónicos/crônicos ou com deficiência vivam de forma independente. [233]

TELECUIDADOS

Combinação de equipamento, monitorização e resposta que pode ajudar as pessoas a permanecerem em casa de forma independente. Exemplos comuns incluem detetores de quedas, de fogo ou de fugas de gás que acionam um alarme num centro de resposta, monitores de sinais vitais que fornecem sinais precoces de deterioração, alertando para uma resposta de familiares ou profissionais. [233]

TELEMEDICINA

A prática de cuidados médicos utilizando comunicações interativas audiovisuais e de dados, incluindo a prestação de cuidados médicos, diagnóstico, consulta, e tratamento, assim como educação para a saúde e transferência de informação médica. [233]

TELESSAÚDE

Prestação de serviços e informação relacionados com a saúde por meio de tecnologias de telecomunicação. [233]

TEOREMA DO LIMITE CENTRAL

Teorema que descreve as propriedades distribucionais da média amostral extraída de uma população com valor esperado μ e desvio padrão σ. Amostras de dimensão n extraídas desta população têm médias amostrais cuja distribuição tem valor esperado m e desvio padrão $\sigma/\sqrt{n}$; O aumento do n aproxima a distribuição amostral da média da distribuição normal. [74]

TEORIA

Articulação organizada, heurística, coerente e sistemática de um conjunto de afirmações relacionadas com questões significativas que são comunicadas como um todo com significado. Descreve as observações, resume a evidência atual, propõe explicações e avança com hipóteses que podem ser testadas. É uma representação simbólica dos aspectos da realidade que são descobertos ou inventados para descrever, explicar, prever e controlar um determinado fenómeno/fenômeno. De uma forma simples, é comparável a um mapa de estrada e como tal é específico de um determinado contexto. [90, 136]

TEORIA CLÁSSICA DOS TESTES

Teoria de medição baseada na premissa de que uma pontuação/escore bruta que uma pessoa obtém num teste composto por vários itens é uma função do resultado verdadeiro e do erro aleatório; o erro é o mesmo para cada pessoa. [163]

TEORIA DA MEDIÇÃO

Teoria sobre como os resultados gerados por itens representam o constructo a medir. [72] Ver também TEORIA CLÁSSICA DOS TESTES, TEORIA DE RESPOSTA AO ITEM, TEORIA DE MEDIÇÃO DE RASCH, TEORIA DA UTILIDADE.

TEORIA DA MEDIÇÃO DE RASCH

Paradigma de medição experimental baseado na teoria de medição robusta, fornecendo uma base de evidência na mesma medida em que um conjunto de itens forma uma medida real. A ordenação das categorias das escalas de avaliação é testada empiricamente, e se a ordem não for cumprida, é necessária experimentação adicional antes de serem feitas inferências das classificações. [9, 45]

TEORIA DA UTILIDADE

Conjunto de pressupostos sobre como quantificar as escolhas e decisões das pessoas ao longo de um continuum, desde a preferência até à indiferença. [109]

TEORIA DE RESPOSTA AO ITEM

Teoria estatística e um conjunto de modelos matemáticos que exprimem a probabilidade de uma determinada resposta a um item da escala ser uma função do atributo quantitativo (latente) da pessoa e de determinadas características (parâmetros) do item. Tem como objetivo estimar com precisão um valor de um atributo latente de uma pessoa com base nas respostas a uma série de variáveis categóricas.

Dois pressupostos principais dos modelos da teoria de resposta ao item (do inglês *Item Response Theory* - IRT) são: (i) unidimensionalidade, o que significa que apenas um atributo latente é medido pelos itens; e (ii) independência local ou condicional, o que significa que não existe relação entre as respostas de uma pessoa a diferentes itens da escala, e o seu posicionamento referente ao atributo latente.

São aplicados diferentes modelos matemáticos consoante as respostas sejam binárias ou politómicas. Os três modelos dicotómicos/dicotômicos unidimensionais (binários) mais populares da IRT são os modelos de um, dois e três parâmetros logísticos (PL) cujos nomes estão associados ao número de parâmetros que caracterizam o funcionamento de um item e que, portanto, necessitam de ser estimados. O modelo de um parâmetro logístico (1PLM) estima apenas a dificuldade do item e é similar aos modelos que pertencem à família de modelos de Rasch. O modelo de dois parâmetros (2PLM) estima a dificuldade e discriminação entre as pessoas, variando entre os itens. O modelo de três parâmetros (3PLM) estima a dificuldade, a discriminação e a previsão; como as previsões não são uma característica de resposta às perguntas sobre resultados/desfechos em saúde, considera-se que o 3PLM não acrescenta qualquer informação para a medição de resultados/desfechos em saúde.

Para as respostas politómicas, os modelos mais comuns são o Modelo de Crédito Parcial, o Modelo de Escalas de Classificação, o Modelo de Crédito Parcialmente Generalizado, o Modelo de Resposta Graduada, e o Modelo de Resposta Nominal, cuja aplicação depende das suposições sobre o poder de discriminação entre os itens, sobre a ordenação de respostas e sobre a distância entre os limiares dos itens. [49, 50, 188, 189] Ver também ANÁLISE DE RASCH.

TEORIA FUNDAMENTADA

Do inglês *Ground Theory*, visa o desenvolvimento de teorias, conceitos ou modelos que derivam dos dados. A metodologia da teoria fundamentada utiliza um conjunto de procedimentos específicos e rigorosos, para a produção de teoria substantiva sobre os fenómenos/fenômenos sociais, que utilizam técnicas de indução, dedução e verificação; esta metodologia envolve um processo iterativo que implica a experiência do investigador com os dados, no sentido de gerar hipóteses ou ideias que serão testadas com a recolha/coleta de dados adicionais por meio da aplicação de um método denominado comparação constante. [288]

TEORIA IMPLÍCITA DE MUDANÇA

Explicação de como as pessoas avaliam até que ponto mudaram relativamente a determinado aspecto da sua saúde ao longo de um período de tempo fixo. Esta teoria baseia-se na premissa de que as pessoas não se conseguem lembrar com precisão do seu estado inicial, compará-lo com o seu estado atual, e realizar algum cálculo mental, ao invés disso utilizam técnicas baseadas na experiência para fazerem uma estimativa dessa mudança. Esta estimativa pode não ser a ideal, mas é considerada "suficientemente boa" para a situação. O juízo de mudança nesta teoria é baseado num processo que começa com o estado atual e funciona retrospectivamente, ponderando quantas coisas mudaram ao longo do período. A teoria implícita de mudança (TIM) é um processo através do qual as pessoas estimam a extensão da mudança ao longo de um tempo fixo, considerando o período de mudança, em vez de fazerem uma análise baseada nos estados de saúde em momentos específicos. A TIM diferencia-se da recalibração das respostas em que as pessoas, por meio de um teste, são convidadas a reavaliar os resultados/desfechos de uma avaliação anterior com base na experiência atual. Utilizando uma perspectiva da TIM e reconhecendo que as pessoas querem melhorar, especialmente quando partem de condições de saúde que exigem um esforço considerável para se obterem ganhos, a reavaliação realizada utilizando o Teste *Then* será provavelmente enviesada (geralmente com valores inferiores), ao passo que o valor da mudança utilizando a TIM será mais preciso. [236] Ver também TESTE *THEN*.

TERAPIA OCUPACIONAL

Arte e ciência de, por meio da ocupação, tornar possível o envolvimento na vida quotidiana, de capacitar as pessoas para que se ocupem com atividades que promovem a saúde e o bem-estar; e de tornar possível uma sociedade justa e inclusiva, em que todas as pessoas podem participar, tanto quanto podem nas ocupações diárias da vida. [316]

TESTAMENTO VITAL

Documentos legais que informam o médico e a família sobre os cuidados médicos futuros que a pessoa quer ou decisões que devem ser tomadas caso a pessoa já não esteja capaz de decidir. Isto poderá incluir a decisão de começar ou de quando parar tratamentos de suporte de vida ou quem deverá tomar essas decisões. [6]

TESTE ADAPTATIVO

Tipo de teste em que é apresentado um item ao entrevistado e este responde à questão ou executa a tarefa. O item seguidamente apresentado ao entrevistado depende da resposta ou execução do item anterior. Este processo continua até que o valor da pessoa, quanto ao traço latente, tenha sido estimado com um erro padrão de medição satisfatório definido pelo administrador do teste, até que um número de itens pré-definido tenha sido administrado, ou até que que todo o conteúdo relevante tenha sido trabalhado. Este processo evita que pessoas com mais (ou menos) capacidades ou com doença pouco (ou muito) grave realizem testes ou respondam a questões que não são relevantes para o seu nível. Isto reduz o número total de itens administrados e evita o incómodo de quem tem maiores capacidades, assim como o desânimo de quem tem menores capacidades. Num teste adaptativo em computador, a sequência dos itens é gerada por uma série de regras e o examinado apenas vê os itens selecionados pelo programa; num teste adaptativo em papel, todos os itens são apresentados e o examinado é direcionado para os subtestes relevantes com base no padrão de resposta. [329]

TESTE ADAPTATIVO EM COMPUTADOR

Forma de teste adaptativo em que um computador interativo apresenta ao respondente os itens do teste, aceita e pontua as respostas, escolhe o item seguinte com base na resposta dada e termina o teste quando adequado; a utilização deste sistema aumenta a eficiência, já que podem ser aplicados menos itens (50% a 80% menos) para obter a mesma qualidade de medição de um teste convencional, ou pode ser obtida uma melhor qualidade de medição com o mesmo número de itens. [329] Ver também TESTE ADAPTATIVO.

TESTE ADAPTATIVO EM PAPEL

Versão de um teste adaptativo informatizado em que as opções de resposta são apresentadas em formato impresso; em muitas situações clínicas, este formato é mais viável. Um exemplo deste formato pode ser encontrado num artigo de Higgins, para um ClinRO para a função da extremidade superior pós-AVC. [147] Ver também RESULTADO/DESFECHO REPORTADO PELOS CLÍNICOS (ClinRO).

TESTE *THEN*

Método baseado no desenho (*design based*) usado para avaliar variações em padrões internos, um componente de mudança numa resposta. No contexto de um estudo observacional longitudinal ou ensaio clínico, os pacientes são convidados a preencher um questionário sobre algum aspecto da sua saúde ou qualidade de vida em cada visita (por ex., *a priori* e *a posteriori*). Numa avaliação de seguimento, os pacientes são convidados a preencher a versão *a posteriori* e também a fornecer uma opinião nova da sua anterior avaliação com base nos seus padrões atuais. Como as duas avaliações, *a priori* e *a posteriori*, são concluídas utilizando os mesmos padrões internos, a diferença entre a avaliação *a priori* original e a a posteriori é considerada uma medida da mudança na resposta. [290]

TESTE U DE MANN-WHITNEY

Teste não paramétrico de hipóteses que compara duas amostras independentes. É um teste mais eficiente (para identificar um efeito, basta-lhe uma amostra de menor dimensão) que o teste t quando as distribuições não são normais. O teste ordena os indivíduos ignorando o grupo a que pertencem e depois calcula a soma das posições dos indivíduos em cada grupo e compara-as usando a estatística U. [15]

TRADUÇÃO

Processo de conversão de uma medida da língua original em que foi desenvolvida, (a língua de origem) para outra língua (a língua alvo). Esta é uma das várias etapas necessárias para elaborar uma tradução válida. A tradução envolve uma combinação da tradução literal das palavras e frases individuais de uma língua para a outra com uma adaptação das expressões idiomáticas ao contexto cultural e ao estilo de vida. As línguas com estrutura similar, como por exemplo as línguas europeias, exigem menor adaptação durante a tradução. Já a tradução de uma língua europeia para uma língua árabe ou asiática exigirá maior adaptação. O processo de tradução é rigoroso e requer pelo menos dois tradutores independentes ou, preferivelmente, equipes de tradutores. A tradução deve ser feita por tradutores qualificados, mas indivíduos com um nível educacional muito elevado podem não ser culturalmente representativos da população alvo; os tradutores devem preferivelmente traduzir para a sua língua materna. Alguns tradutores deverão conhecer os objetivos e conceitos que permitem uma representação mais fiável/confiável do material a ser traduzido, mas outros poderão ser menos informados para poderem dar uma perspectiva diferente à tradução. [139] Ver também ADAPTAÇÃO CULTURAL, AVALIAÇÃO DA POSSIBILIDADE DE TRADUÇÃO, RETROVERSÃO.

TRADUÇÃO DE CONHECIMENTO

Processo dinâmico e interativo que inclui síntese, divulgação, intercâmbio e boa aplicação ética do conhecimento para melhorar a saúde dos indivíduos, prestar serviços e disponibilizar produtos de saúde mais eficazes, assim como fortalecer o sistema de saúde. Este processo tem lugar no âmbito de um sistema complexo de interações entre os investigadores e os utilizadores de conhecimento, as quais podem variar em intensidade, complexidade e grau de empenho, dependendo da natureza da investigação e dos resultados, bem como das necessidades específicas do utilizador de conhecimento. A avaliação e acompanhamento das iniciativas de tradução de conhecimento, processos e atividades são componentes fundamentais do processo de tradução de conhecimento. [135, 229]

TRANSDISCIPLINARIDADE

Conceito filosófico da investigação académica/acadêmica que ignora as fronteiras convencionais entre as formas de pensamento e a resolução de problemas. Baseia-se no reconhecimento da complexidade inerente a muitos problemas com que se deparam os seres humanos, tendo desenvolvido uma estrutura conceitual que inclui e procura mobilizar todas as disciplinas científicas e académicas pertinentes: ciências físicas, biológicas, sociais e comportamentais, ética, filosofia moral, ciências da comunicação, economia, política e humanidades. Muitos problemas em saúde pública requerem uma abordagem intrinsecamente transdisciplinar. Os problemas sociais, demográficos e de saúde humana associados à mudança ambiental global exigem o maior nível de transdisciplinaridade. A vantagem desta abordagem é que permite criar uma "nova ciência", outras formas de pensamento e de resolução de problemas que não existem atualmente mas surgem da sabedoria coletiva.

TROCA DE CONHECIMENTO

Interação entre o utilizador do conhecimento e o investigador, que resulta em aprendizagem mútua. De acordo com a *Canadian Health Services Research Foundation* (CHSRF), a troca de conhecimento pode ser definida como "a resolução de problemas de forma colaborativa entre investigadores e decisores, que acontece por meio da sua interligação e das trocas que se estabelecem". Uma troca eficaz de conhecimentos envolve a interação entre os utilizadores do conhecimento e os investigadores e resulta em aprendizagem mútua por meio do processo de planeamento/planejamento, produção, difusão e aplicação da investigação existente ou de nova investigação nos processos de tomada de decisão. [135]

U

UTILIDADE

Preferência de um indivíduo ou da sociedade por um qualquer conjunto de resultados/desfechos em saúde. [103, 300]

V

VALIDADE

Ausência relativa de erro sistemático. No contexto da medição de constructos que não têm qualquer padrão-ouro ou valor real, o termo validade evoluiu para indicar que conclusões é possível tirar sobre uma pessoa com base no resultado de um teste. A validade não é uma propriedade do teste ou avaliação *per se*, mas sim o significado das pontuações dos testes. Em suma, a validade é uma avaliação global do grau em que a evidência e a teoria suportam a interpretação das pontuações decorrentes das utilizações propostas do instrumento. Simplificando, é o grau em que uma avaliação mede o que é suposto medir. [218, 306]

VALIDADE CONCORRENTE

Uma forma de validade de critério, quando ambas as pontuações, para a medição e para o padrão-ouro, são consideradas ao mesmo tempo; muitas vezes avaliada utilizando a sensibilidade e a especificidade. [72]

VALIDADE CONVERGENTE

Um tipo de validade de constructo em que são testadas hipóteses específicas sobre como a medida em estudo se relaciona com constructos relacionados, em oposição a constructos não relacionados (validade divergente). [72]

VALIDADE CULTURAL

Grau em que o desempenho dos itens de um instrumento de resultados/desfechos reportados pelos pacientes, traduzido ou objeto de adaptação cultural, é reflexo adequado do desempenho dos itens na versão original do instrumento. No contexto de avaliação em saúde, a tradução das palavras pode não apresentar o mesmo significado numa linguagem ou cultura diferentes. Algumas palavras ou alguns conceitos podem não existir ou não ser relevantes numa cultura distinta. [72]

VALIDADE DE CONSTRUCTO

Grau em que as pontuações de uma medida são coerentes com as hipóteses (por ex., no que diz respeito às relações internas, relações com pontuações/escores de outras medidas, ou diferenças entre grupos relevantes), com base no pressuposto de que a medida quantifica validamente o constructo em análise. [222]

VALIDADE DE CONTEÚDO

Grau em que o conteúdo de um instrumento PRO é um reflexo adequado do constructo a ser medido; [222] reflete-se na medida em que um instrumento contém os aspectos relevantes e importantes do conteúdo que pretende medir, tendo o conteúdo sido originado de acordo com as melhores práticas de desenvolvimento de medidas que envolvem medição de conceitos e validação cognitiva (entrevista) com pacientes. [102]

VALIDADE DE CRITÉRIO

Grau em que as pontuações de um instrumento são um reflexo adequado de um "padrão-ouro". [222]

VALIDADE DISCRIMINANTE

Tipo de validade de constructo em que são testadas hipóteses específicas sobre como a medida em estudo se relaciona com constructos não relacionados, em oposição a constructos relacionados (validade convergente). [72]

VALIDADE DIVERGENTE

Ver VALIDADE DISCRIMINANTE

VALIDADE ECOLÓGICA

Grau de relação entre os resultados de um teste ou medida obtidos num ambiente experimental controlado e os resultados obtidos em ambientes reais. Na medição de resultados/desfechos em saúde, podemos referir vários exemplos, como os testes neuropsicológicos, os testes de capacidade funcional ou tarefas de destreza. Têm sido utilizadas duas abordagens para avaliar a validade ecológica de instrumentos de avaliação: a verossimilhança e a veracidade. A verossimilhança é o grau em que as exigências (por ex. cognitiva ou motora) de um teste são teoricamente semelhantes às exigências na vida quotidiana, requerendo normalmente o desenvolvimento de novas avaliações que simulem as competências do mundo real. A veracidade diz respeito ao grau em que os testes existentes estão empiricamente relacionados com medidas de atividades diárias, implicando uma relação estatística entre o teste e o funcionamento do mundo real. Um teste que demonstra a validade ecológica é provavelmente mais preditivo de como alguém vai desempenhar as atividades diárias do que um teste que só tem validade para o diagnóstico de deficiência ou para a medição da gravidade. [52, 144]

VALIDADE ESTRUTURAL

Grau em que as pontuações de um instrumento são um reflexo adequado da dimensionalidade do constructo a medir. [222]

VALIDADE EXTERNA

Ver GENERALIZAÇÃO

VALIDADE FACIAL

Também designada validade de face, é o grau em que (os itens de) uma medida parecem mesmo ser um reflexo adequado do constructo a ser medido. [222]

VALIDADE INTERCULTURAL

Grau em que o desempenho dos itens num índice traduzido ou adaptado culturalmente são um reflexo adequado do desempenho dos itens da versão original do índice. [222]

VALIDADE LONGITUDINAL

Validade da mudança de pontuações indicada pela forma como as mudanças numa medida se correlacionam com mudanças noutra medida. [71] Ver também VALIDADE DE CONSTRUCTO.

VALIDADE PREDITIVA

A medida em que o valor num teste ou medida em estudo prevê o desempenho ou eventos futuros. Idealmente, a validade preditiva é testada num conjunto de dados que é diferente do que é utilizado para desenvolver o teste ou a medida. [71]

VALOR

Fundamento dos pensamentos, sentimentos, crenças e comportamentos de uma pessoa. [233] Foram identificados quatro grandes grupos de valores: (i) valor ético, relacionado com equidade, liberdade, honestidade e responsabilidade; (ii) valor psicológico, em termos de bondade cognitiva ou emocional; (iii) valor social, relacionado com melhorias na vida dos indivíduos ou da sociedade como um todo ou algo que permita a um indivíduo desempenhar os papéis que a sociedade espera; e (iv) valor económico/econômico, por exemplo a capacidade de ganhar, gerir e gastar dinheiro eficientemente. [87, 166, 293]

VALOR DE P

Probabilidade de se obter um resultado apenas determinado aleatoriamente. [306]

VALOR PREDITIVO POSITIVO

A percentagem de pessoas com um resultado positivo num teste e que de facto/fato são portadoras da condição em causa. É diferente da sensibilidade que corresponde à proporção de pessoas com a condição e que obtiveram um valor positivo no teste. O valor preditivo positivo fornece os resultados mais diretamente relevantes para a decisão de usar ou não uma determinada medida. [277] Ver também SENSIBILIDADE.

VALORAÇÃO

Processo utilizado para elicitar os valores ou preferências dos indivíduos por um estado de saúde. Na literatura estão descritos vários métodos para elicitar preferências tais como o jogo-padrão, o equivalente em tempo, a escala de pontuação/escore e a disponibilidade para pagar. [5, 81]

VARIÁVEL CAUSAL

No contexto da avaliação de um constructo latente como, por exemplo, a qualidade de vida, estas são variáveis que são suficientes para produzir um efeito no constructo. Isto é, uma alteração na variável causal é suficiente (mas não necessária) para provocar uma alteração no constructo latente. Os sintomas podem ser exemplos de variáveis causais para a qualidade de vida. [99]

VARIÁVEL INDICADOR

No âmbito da avaliação de um constructo latente, é uma variável que reflete um nível de capacidade ou de estado de espírito, mas não altera nem influencia o constructo latente que mede. Por exemplo, muitos itens refletem ansiedade/depressão, mas estes itens não causam necessariamente ansiedade ou depressão. [99]

VARIÁVEL INTERMÉDIA

Variável que atua no encadeamento causal entre um fator de exposição ou variável independente e um resultado (variável dependente). Faz com que a variável de exposição atue sobre o resultado. Incluir uma variável destas num modelo de regressão tem como consequência remover o efeito da variável de exposição. Também designada variável contingente, de intervenção ou mediadora. [176]

VARIÁVEL LATENTE

Também denominada fator latente. [238] Existem muitas definições [33] de variável latente, devidas sobretudo aos diferentes modelos estatísticos, incluindo:

1. Variável hipotética criada pelos investigadores. [241]

2. Constructo que não pode ser visto nem diretamente medido como a "felicidade" ou a "qualidade de vida".

3. Constructo não observável nem mensurável, nem agora nem no futuro.

4. Definição de independência local de variável latente: variáveis que criam uma associação entre as variáveis observadas, de tal forma que quando as variáveis latentes se mantêm constantes, então as variáveis observadas são independentes.

5. Definição de valor esperado de variável latente: "pontuação/escore verdadeira" que se obteria se respostas repetidas pudessem ser conseguidas, de forma independente.

6. Definição não determinística de função de variáveis observáveis: uma variável num sistema de equações estruturais lineares é uma variável latente se as equações não puderem ser manipuladas de forma a expressar esta variável como uma função apenas de variáveis manifestas ou de medida. Neste método estatístico, as varáveis latentes são representadas por uma oval e são associadas às variáveis medidas que são afetadas pela variável latente.

7. Definição de realização amostral: uma variável latente aleatória (ou não aleatória) é uma variável aleatória (ou não aleatória) para a qual não existe qualquer realização amostral para, pelo menos, algumas observações numa determinada amostra. Esta definição implica que todas as variáveis são latentes até que estejam disponíveis os seus valores observados numa amostra (esta é a única definição que não é dependente do modelo).

As variáveis latentes podem ser derivadas a partir dos dados (*a posteriori*) ou admitidas através de hipóteses antes da análise dos dados (*a priori*). [33, 241]

VARIÁVEL MANIFESTA

No contexto da avaliação de uma variável ou constructo latente, é uma variável medida ou observada através das respostas dadas pelos respondentes às questões do questionário. [99]

VIABILIDADE

No contexto da investigação ou da prestação de cuidados, este termo refere-se à questão de os participantes no estudo ou os pacientes serem ou não capazes de fazer uma determinada coisa. [72]

VITALIDADE EMOCIONAL

Sensação de energia positiva, capacidade de regular o comportamento e as emoções e um sentimento de envolvimento com a vida; este termo tem sido utilizado para caracterizar a resposta emocional de um indivíduo para se adaptar à vida com uma doença crónica/crônica ou lesão; é considerado como que um 'amortecedor' fundamental face às dificuldades de viver com uma doença crónica/crônica ou deficiência, e permite que alguns indivíduos evoluam e sejam emocionalmente 'vivos' no processo de recuperação e adaptação. É composto, pelo menos, por cinco domínios: (i) bem-estar físico e energia (ii), regulação do humor, (iii) controle sobre si mesmo, (iv) envolvimento em funções e em atividades com significado; e (v) sentir-se apoiado. No contexto da psicologia positiva, é frequentemente usado o termo resiliência mas, no contexto da reabilitação, é desejável um constructo paralelo à vitalidade física para enfatizar a necessidade de abordar as "deficiências ocultas", ou os aspectos emocionais de gerir a perda funcional. [22, 173]

VIÉS

Desvio sistemático da verdade dos resultados ou inferências. No contexto da investigação, decorre de um erro na conceção e desenho do estudo, ou na recolha/coleta, análise, interpretação, comunicação, publicação ou revisão de dados. O viés gera conclusões que são sistematicamente, ao contrário de aleatoriamente, diferentes da verdade. Em 1979, Sackett descreveu 63 tipos diferentes de vieses. [285]

VIÉS POR AQUIESCÊNCIA OU POR CORTESIA

Tendência para dar respostas que parecem as mais desejáveis ou úteis no contexto da investigação. Um tipo particular de viés por aquiescência é quando a pessoa que responde dá sempre respostas positivas; esta pessoa é chamada "fortemente concordante"; o oposto é "fortemente discordante". [285, 306]

VIÉS POR AVERSÃO AOS EXTREMOS

Refere-se à relutância de algumas pessoas para usar as categorias extremas duma escala, muitas vezes relacionada com a dificuldade das pessoas fazerem juízos absolutos; [306] também chamado viés de tendência central, é uma característica particular de escalas analógicas visuais. [253, 306]

VIÉS POR CONVENIÊNCIA SOCIAL

Necessidade que os indivíduos têm de responder de formas socialmente aprovadas. [63] Esse viés pode surgir com a formulação de perguntas, de tal forma que se torna desconfortável para as pessoas dizerem a verdade. Portanto, no caso de perguntas sobre questões sensíveis à conveniência social, é importante escrevê-las com palavras que permitam que as pessoas admitam que fazem determinadas coisas que consideram que não deveriam fazer, ou vice-versa. Esse viés também pode surgir devido a um traço de personalidade em que as pessoas são mais propensas a dar uma resposta que consideram mais aceitável porque querem parecer uma "boa" pessoa. A primeira fonte de viés pode ser minimizada pela formulação adequada da pergunta; a segunda fonte de viés provavelmente precisa de uma medida daquela tendência para ajudar na interpretação das respostas. [63, 80, 323]

VIÉS POR MEMÓRIA

Erro sistemático causado por problemas de memória que levam a que a resposta dada pelos respondentes relativa a acontecimentos passados, acerca da exposição a um fator de risco ou a um resultado, seja diferente da verdade, em grupos de indivíduos que estão a ser comparados. Em estudos de caso-controle, a recordação de acontecimentos passados é frequentemente reforçada nos casos comparados com os controles e isso pode levar a uma sobreestimação da relação existente entre uma causa e um resultado. [132]

REFERÊNCIAS BIBLIOGRÁFICAS

1. Acquadro C, Conway K, Giroudet C, Mear I. Linguistic validation manual for patient-reported outcomes (PRO) instruments. Lyon, França: MAPI, 2004.

2. Aday LA, Cornelius LJ. Designing and conducting health surveys: a comprehensive guide. Hoboken NJ: John Wiley & Sons, 2011.

3. Agresti A. Analysis of Ordinal Categorical Data. Hoboken NJ: Wiley, 1984.

4. Allison PD. Missing Data. Thousand Oaks, California: Sage Publications, Inc.; 2002.

5. Allvin R, Berg K, Idvall E, Nilsson U. Postoperative recovery: a concept analysis. J Adv Nurs 2007;57(5):552-558.

6. American Cancer Society. Disponível em: http://www.cancer.org/. 2011. [acedido em 25-10-2017]

7. American College of Sports Medicine. ACSM's Resource Manual for Guidelines for Exercise Testing and Prescription. 6th edition ed. Baltimore, MD: Lippincott Williams & Wilkins; 2010.

8. Amundson R. Quality of life, disability, and hedonic psychology. Journal for the Theory of Social Behaviour 2010;40(4):374-392.

9. Andrich D. Rating scales and Rasch measurement. Expert Rev Pharmacoecon Outcomes Res 2011;11(5):571-585.

10. Anthony WA. Recovery from mental illness: the guiding vision of the mental health service system in the 1990's. Pyschosocial Rehabilitation Journal 1993;16(4):11-23.

11. Antunes A, Ferreira PL, Ferreira LN. A utilização da experiência de escolha discreta na valoração de estados de saúde. Notas Económicas 2017 Jul; 44: 47-64.

12. Approaching Death: Improving care at the end of life. Washington: National Academy Press; 1997.

13. Aristotle. Nicomachean Ethics. In: R.McKeon, editor. Introduction to Aristotle. New York: Modern Library; 1947.

14. Arksey H, O'Malley L. Scoping studies: towards a methodological framework. International Journal of Social Research Methodology 2005;8(1):19-32.

15. Armitage P, Berry G, Matthews JNS. Statistical methods in medical research. John Wiley & Sons; 2008.

16. Bagiella E. Clinical trials in rehabilitation: single or multiple outcomes? Arch Phys Med Rehabil 2009;90(11 Suppl):S17-S21.

17. Bailar JC, Hoaglin DC. Medical Uses in Statistics. 3 ed. Wiley; 2009.

18. Baker PS, Bodner EV, Allman RM. Measuring life-space mobility in community-dwelling older adults. J Am Geriatr Soc 2003;51(11):1610-1614.

19. Balducci L, Fossa SD. Rehabilitation of older cancer patients. Acta Oncol 2013;52(2):233-238.

20. Bandura A. Self-efficacy: The exercise of control. New York: W.H. Freeman; 1997.

21. Barak A, Klein B, Proudfoot JG. Defining internet-supported therapeutic interventions. Ann Behav Med 2009;38(1):4-17.

22. Barbic SP, Bartlett SJ, Mayo NE. Emotional Vitality: Concept of Importance for Rehabilitation. Arch Phys Med Rehabil 2012.

23. Barclay-Goddard R, Epstein JD, Mayo NE. Response shift: a brief overview and proposed research priorities. Qual Life Res 2009;18(3):335-346.

24. Barclay-Goddard R, King J, Dubouloz CJ, Schwartz CE. Building on transformative learning and response shift theory to investigate health-related quality of life changes over time in individuals with chronic health conditions and disability. Arch Phys Med Rehabil 2012;93(2):214-220.

25. Barlow DH, Nock MK, Hersen M. Single Case Experimental Designs: Strategies for Studying Behavior Change. Third Edition ed. Pearson Education Inc.; 2009.

26. Barlow J, Wright C, Sheasby J, Turner A, Hainsworth J. Self-management approaches for people with chronic conditions: a review. Patient Educ Couns 2002;48(2):177-187.

27. Bearman JE, Loewenson RB, Gullen WH. Muench's postulates,laws, and corollaries, or biometricians' views of clinical studies. Biometrics 1974;Note No. 4 (April).

28. Beaton DE. Understanding the relevance of measured change through studies of responsiveness. Spine (Phila Pa 1976) 2000;25(24):3192-3199.

29. Berry SM, Connor JT, Lewis RJ. The platform trial: an efficient strategy for evaluating multiple treatments. JAMA 2015;313(16):1619-1620.

30. Bjertnaes OA, Sjetne IS, Iversen HH. Overall patient satisfaction with hospitals: effects of patient-reported experiences and fulfilment of expectations. BMJ Qual Saf 2012;21(1):39-46.

31. Blair J, Conrad FG. Sample Size for Cognitive Interview Pretesting. Public Opinion Quarterly 2011;75(4):636-658.

32. Blinman P, King M, Norman R, Viney R, Stockler MR. Preferences for cancer treatments: an overview of methods and applications in oncology. Ann Oncol 2012;23(5):1104-1110.

33. Bollen KA. Latent variables in psychology and the social sciences. Annu Rev Psychol 2002;53:605-634.

34. Boston P, Bruce A, Schreiber R. Existential suffering in the palliative care setting: an integrated literature review. J Pain Symptom Manage 2011;41(3):604-618.

35. Boulos MN, Hetherington L, Wheeler S. Second Life: an overview of the potential of 3-D virtual worlds in medical and health education. Health Info Libr J 2007;24(4):233-245.

36. Bowling A. Just one question: If one question works, why ask several? J Epidemiol Community Health 2005;59(5):342-345.

37. Brazier J, Ratcliffe, Salomon JA, Tsuchiya A. Measuring and valuing health benefits for economic evaluation. Oxford: Oxford University Press, 2007.

38. Brehaut JC, O'Connor AM, Wood TJ et al. Validation of a decision regret scale. Med Decis Making 2003;23(4):281-292.

39. Brown CA, Lilford RJ. The stepped wedge trial design: a systematic review. BMC Med Res Methodol 2006;6:54.

40. Brozek JL, Guyatt GH, Heels-Ansdell D et al. Specific HRQL instruments and symptom scores were more responsive than preference-based generic instruments in patients with GERD. J Clin Epidemiol 2009;62(1):102-110.

41. Bullinger M, Anderson R, Cella D, Aaronson N. Developing and Evaluating Cross-Cultural Instruments from Minimum Requirements to Optimal Models. Quality of Life Research 1993;2(6):451-459.

42. Business Dictionary. Disponível em http://www.businessdictionary.com/definition/nominal-group-process.html. 2015. [acedido em 25-10-2017]

43. Canadian Cancer Society. Candian Cancer Society Research Institute. Disponível em: http://www.cancer.ca/research/. 2011. [acedido em 25-10-2017]

44. Canadian Mental Health Association. Recovery. Disponível em: https://ontario.cmha.ca/mental-health/mental-health-conditions/recovery/ . 2015. [acedido em 25-10-2017]

45. Cano S, Klassen AF, Scott A, Thoma A, Feeny D, Pusic A. Health outcome and economic measurement in breast cancer surgery: challenges and opportunities. Expert Rev Pharmacoecon Outcomes Res 2010;10(5):583-594.

46. Cella D. The Functional Assessment of Cancer Therapy-Anemia (FACT-An) Scale: a new tool for the assessment of outcomes in cancer anemia and fatigue. Semin Hematol 1997;34(3 Suppl 2):13-19.

47. Center for Evidence-Based Center - KT Clearinghouse. Glossary of Evidence-Based Medicine. Disponível em: https://ktbooks.ca/evidence-based-medicine/additional-resources/glossary-of-ebm-terms/ [acedido em 25-10-2017]

48. Centre for Evidence-Based Medicine- University of Oxford. What is Evidence-Based Medicine? Disponível em: http://www.cebm.net/about/ [acedido em 25-10-2017]

49. Chakravarty EF, Bjorner JB, Fries JF. Improving patient reported outcomes using item response theory and computerized adaptive testing. J Rheumatol 2007;34(6):1426-1431.

50. Chang CH, Reeve BB. Item response theory and its applications to patient-reported outcomes measurement. Eval Health Prof 2005;28(3):264-282.

51. Chaudhuri A, Behan PO. Fatigue in neurological disorders. Lancet 2004;363(9413):978-988.

52. Chaytor N, Schmitter-Edgecombe M. The ecological validity of neuropsychological tests: a review of the literature on everyday cognitive skills. Neuropsychol Rev 2003;13(4):181-197.

53. Christley Y, Duffy T, Martin CR. A review of the definitional criteria for chronic fatigue syndrome. J Eval Clin Pract 2012;18(1):25-31.

54. Clark NM, Becker MH, Janz NK, Lorig K, Rakowski W, Anderson L. Self-Management of Chronic Disease by Older Adults: A Review and Questions for Research. Journal of Aging Health 1991;3:3-27.

55. Cohen J. Statistical power analysis for the behavioral sciences . 2nd ed. New Jersey : Lawrence Erlbaum; 1988.

56. Cohen S, Underwood LG, Gottlieb BH. Social Support Measurement and Intervention: A Guide for Health and Social Scientists. New York: Oxford University Press; 2001.

57. Connolly T, Reb J. Regret in cancer-related decisions. Health Psychol 2005;24(4 Suppl):S29-S34.

58. Consort: Transparent Reporting of Trials. The Consort Statement. Disponível em: http://www.consort-statement.org/ [acedido em 25-10-2017]

59. Conway K, Acquadro C, Patrick DL. Usefulness of translatability assessment: results from a retrospective study. Qual Life Res 2014;23(4):1199-1210.

60. Cook KF, Victorson DE, Cella D, Schalet BD, Miller D. Creating meaningful cut-scores for Neuro-QOL measures of fatigue, physical functioning, and sleep disturbance using standard setting with patients and providers. Qual Life Res 2015;24(3):575-589.

61. Cramer JA, Roy A, Burrell A et al. Medication compliance and persistence: terminology and definitions. Value Health 2008;11(1):44-47.

62. Cronbach LJ, Ambron SR, Dornbusch SM et al. Toward reform of program evaluation: aims, methods, and institutional arrangements. San Fransisco CA: Jossey-Bass; 1980.

63. Crowne DP, Marlowe D. A new scale of social desirability independent of psychopathology. J Consult Psychol 1960;24:349-354.

64. Csikszentmihalyi M. Flow: The Psychology of Optimal Experience. New York: Harper and Row; 1990.

65. D'Agostino RB, Jr. Propensity score methods for bias reduction in the comparison of a treatment to a non-randomized control group. Stat Med 1998;17(19):2265-2281.

66. D'Agostino RB, Sr., Massaro JM, Sullivan LM. Non-inferiority trials: design concepts and issues - the encounters of academic consultants in statistics. Stat Med 2003;22(2):169-186.

67. Dalkey N, Helmer O. An experimental application of the Delphi Method to the use of experts. 1962

68. Davies AR, Ware JE. Measuring Health Perceptions in the Health Insurance Experiment. The Rand Corporation, 1981

69. Dawkins MS. Animal Suffering. New York: Chapman & Hall; 1980.

70. de Vet HC, Ader HJ, Terwee CB, Pouwer F. Are factor analytical techniques used appropriately in the validation of health status questionnaires? A systematic review on the quality of factor analysis of the SF-36. Qual Life Res 2005;14(5):1203-1218.

71. de Vet HC, Terwee CB, Mokkink LB, Knol DL. Measurement in Medicine. Cambridge University Press; 2011.

72. de Vet HC, Terwee CB, Mokkink LB. Measurement in Medicine: A Practical Guide. New York: Cambridge University Press; 2011.

73. Delbecq AL, VandeVen AH. A Group Process Model for Problem Identification and Program Planning. Journal of Applied Behavioral Science 1971;VII:466-491.

74. Denzin NK, Lincoln YS. The SAGE Handbook of Qualitative Research. 4th ed. Thousand Oaks CA: SAGE Publications Inc; 2001.

75. Department of Health and Human Services. Healthy People 2020: An Opportunity to Address Societal Determinants of Health in the US. Disponível em: https://www.healthypeople.gov/sites/default/files/SocietalDeterminantsHealth.pdf [acedido em 25-10-2017]

76. DeVellis RF. Scale Development: Theory and Application. Second ed. Sage Inc; 2003.

77. Deyo RA, Cherkin DC, Ciol MA. Adapting a clinical comorbidity index for use with ICD-9-CM administrative databases. Journal of Clinical Epidemiology 1992;45:613-619.

78. Diener E, Emmons RA, Larsen RJ, Griffin S. The Satisfaction With Life Scale. J Pers Assess 1985;49(1):71-75.

79. Dijkers MP. Individualization in quality of life measurement: instruments and approaches. Arch Phys Med Rehabil 2003;84(4 Suppl 2):S3-14.

80. Dillman DA. Mail and Telephone Surveys: The Total Design method. New York: Don Wiley & Son; 1978.

81. Dolan P, Sutton M. Mapping visual analogue scale health state valuations onto standard gamble and time trade-off values. Soc Sci Med 1997;44(10):1519-1530.

82. Dolan P. Whose preferences count? Med Decis Making 1999;19(4):482-486.

83. Donald C, Ware JE, Brook RH, Davies-Avery A. Conceptualization and measurement of health for adults in the health insurance study: Vol. IV, Social Health. Santa Monica: The Rand Corporation, 1978

84. Drummond MF, Sculpher MJ, Torrance GW, O'Brien BJ, Stoddart GL. Methods for the Economic Evaluation of Health Care Programmes. Third ed. Oxford Medical Publications; 2005.

85. Dyrbye LN, Power DV, Massie FS et al. Factors associated with resilience to and recovery from burnout: a prospective, multi-institutional study of US medical students. Med Educ 2010;44(10):1016-1026.

86. Elandt-Johnson RC. Definition of rates: some remarks on their use and misuse. Am J Epidemiol 1975;102(4):267-271.

87. Emerson J, Wachowicz J, Chun S. Social Return on Investment (SROI): Exploring Aspects of Value Creation. 29-1-2001.

88. Eremenco SL, Cella D, Arnold BJ. A comprehensive method for the translation and cross-cultural validation of health status questionnaires. Eval Health Prof 2005;28(2):212-232.

89. Espinoza S, Walston JD. Frailty in older adults: insights and interventions. Cleve Clin J Med 2005;72(12):1105-1112.

90. Estabrooks CA, Thompson DS, Lovely JJ, Hofmeyer A. A guide to knowledge translation theory. J Contin Educ Health Prof 2006;26(1):25-36.

91. Eton DT, Ramalho de OD, Egginton JS et al. Building a measurement framework of burden of treatment in complex patients with chronic conditions: a qualitative study. Patient Relat Outcome Meas 2012;3:39-49.

92. EuroQol Group. EQ-5D: A standardised instrument for use as a measure of health outcome. Disponível em: https://euroqol.org/eq-5d-instruments/ [acedido em 25-10-2017]

93. Everitt B. Medical Statistics from A to Z: a guide for clinicans. Cambridge: 2006.

94. Everitt BS. Cambridge Dictionary of Statistics. 3 ed. United Kingdom: Cambridge University Press; 2006.

95. Expert Patients Programme. Disponível em: http://webarchive.nationalarchives.gov.uk/20120511062115/http://www.dh.gov.uk/prod_consum_dh/groups/dh_digitalassets/@dh/@en/documents/digitalasset/dh_4018578.pdf [acedido em 25-10-2017]

96. Fairclough DL. Design and Analysis of Quality of Life Studies in Clinical Trials. Second Edition ed. Chapman & Hall/CRC; 2010.

97. Fairclough DL. Summary measures and statistics for comparison of quality of life in a clinical trial of cancer therapy. Stat Med 1997;16(11):1197-1209.

98. Farm Animal Welfare Coumcil. FAWC updates the five freedoms. Veterinary Record 1992;131:357.

99. Fayers P, Machin D. Quality of Life: The Assessment, Analysis, and Interpretation of Patient-reported Outcomes. 2 ed. Wiley; 2007.

100. Fayers PM, Hand DJ. Factor analysis, causal indicators and quality of life. Qual Life Res 1997;6(2):139-150.

101. Fayers PM. Causal Variables in Quality of Life Measurement. Open University Press; 1997.

102. Federal Drug Administration (FDA). Patient Reported Outcome Measures: Use in Medical Production Development to Support Labeling Claims. 2009.

103. Feeny D, Furlong W, Boyle M, Torrance GW. Multi-attribute health status classification systems. Health Utilities Index. Pharmacoeconomics 1995;7(6):490-502.

104. Feinstein AR. Clinimetrics. New Haven and London: 1987.

105. Ferreira LN, Ferreira PL, Pereira LN, Oppe M. The valuation of the EQ-5D in Portugal. Qual Life Res. 2014; 23(2): 413-423.

106. Figueiredo S, Finch L, Mai J, Ahmed S, Huang A, Mayo NE. Nordic walking for geriatric rehabilitation: a randomized pilot trial. Disabil Rehabil 2013;35(12):968-975.

107. Figueiredo S, Mayo NE. What pilot studies tell us! Disabil Rehabil 2015;1-2.

108. Finch E, Brooks D, Stratford PW, Mayo NE. Physical rehabilitation outcome measures. 2nd ed. Hamilton: BC Decker Inc.; 2002.

109. Fishburn PC. Utilty Theory. Management Science 1968;14(5).

110. Flanagan JC. A research approach to improve our quality of life. American Psychologist 1978;33:138-147.

111. Flanagan JC. Measurement of quality of life: current state of the art. Arch Phys Med Rehabil 1982;63(2):56-59.

112. Fleiss J. Statistical Methods for Rates and Proportions. 2nd ed. New York: John Wiley & Sons; 1981.

113. Flinders University. The Flinders Program. Disponível em: https://www.flinders.edu.au/medicine/sites/fhbhru/programs-services/flinders-program.cfm [acedido em 25-10-2017]

114. Floyd FJ, Widaman KF. Factor analysis in the development and refinement of clinical assessment instruments. Psychological Assessment 1995;7:286-299.

115. Forgatch MS, Patterson GR, Degarmo DS. Evaluating fidelity: predictive validity for a measure of competent adherence to the Oregon model of parent management training. Behav Ther 2005;36(1):3-13.

116. Fougeyrollas P. Documenting environmental factors for preventing the handicap creation process: Quebec contributions relating to ICIDH and social participation of people with functional differences. Disabil Rehabil 1995;17(3-4):145-153.

117. Frank L, Basch E, Selby JV. The PCORI perspective on patient-centered outcomes research. JAMA 2014;312(15):1513-1514.

118. Frank L, Forsythe L, Ellis L et al. Conceptual and practical foundations of patient engagement in research at the patient-centered outcomes research institute. Qual Life Res 2015;24(5):1033-1041.

119. Fried LP, Ferrucci L, Darer J, Williamson JD, Anderson G. Untangling the concepts of disability, frailty, and comorbidity: implications for improved targeting and care. J Gerontol A Biol Sci Med Sci 2004;59(3):255-263.

120. Friedman GD. Primer of Epidemiology. 4 ed. USA: 1994.

121. Fritz CO, Morris PE, Richler JJ. Effect size estimates: current use, calculations, and interpretation. J Exp Psychol Gen 2012;141(1):2-18.

122. Frohlich KL, Corin E, Potvin L. A theoretical proposal for the relationship between context and disease. Sociology of Health & Illness 2001;23(6):776-797.

123. From Cancer patient to Cancer Survivor: Lost in Transition. Disponível em: https://www.nap.edu/download/11468 [acedido em 25-10-2017]

124. Fukuda K, Straus SE, Hickie I, Sharpe MC, Dobbins JG, Komaroff A. The chronic fatigue syndrome: a comprehensive approach to its definition and study. International Chronic Fatigue Syndrome Study Group. Ann Intern Med 1994;121(12):953-959.

125. Gallagher M, Hares T, Spencer J, Bradshaw C, Webb I. The nominal group technique: a research tool for general practice? Fam Pract 1993;10(1):76-81.

126. Gamble GL, Gerber LH, Spill GR, Paul KL. The future of cancer rehabilitation: emerging subspecialty. Am J Phys Med Rehabil 2011;90(5 Suppl 1):S76-S87.

127. German AJ, Holden SL, Wiseman-Orr ML et al. Quality of life is reduced in obese dogs but improves after successful weight loss. Vet J 2012;192(3):428-434.

128. Gill TM, Feinstein AR. A critical appraisal of the quality of quality-of-life measurements. JAMA 1994;272(8):619-626.

129. Gold M, Franks P, Erickson P. Assessing the health of the nation. The predictive validity of a preference-based measure and self-rated health. Med Care 1996;34(2):163-177.

130. Gold MR, Segel JE, Russell LB, Weinstein MC. Cost-Effectiveness in Health and Medicine. New York: Oxford University Press; 1996.

131. Goldstein RE. Clinical Methods: The History, Physical and Laboratory Examinations. Third Edition ed. Boston: Butterworth; 1990.

132. Gordis L. Epidemiology. 3rd ed. Philadelphia, PA: Elsevier Saunders; 2004.

133. Government of Canada. Panel on Research Ethics. Chapter 3: The Consent Process. Disponível em: http://www.pre.ethics.gc.ca/eng/policy-politique/initiatives/tcps2-eptc2/chapter3-chapitre3/ . 2015. [acedido em 25-10-2017]

134. Graciano WG, Torbin RM. Agreeableness. In: Leary MR, Hoyle RH, editors. Handbook of Individual Differences in Social Behavior. New York: Guilford Press; 2009:46-61.

135. Graham ID, Logan J, Harrison MB et al. Lost in knowledge translation: time for a map? J Contin Educ Health Prof 2006;26(1):13-24.

136. Graham ID, Tetroe J. Some theoretical underpinnings of knowledge translation. Acad Emerg Med 2007;14(11):936-941.

137. Green S, Higgins JPT, Alderson P, Clarke M, Mulrow CD, Oxman AD. Introduction. In: Higgins JPT, Green S, editors. Cochrane Handbook for Systematic reviews of Intervention. version 5.1.0. The Cochrane Collaboration; 2011.

138. Greenland S, Robins J. Invited commentary: ecologic studies--biases, misconceptions, and counterexamples. Am J Epidemiol 1994;139(8):747-760.

139. Guillemin F, Bombardier C, Beaton D. Cross-cultural adaptation of health-related quality of life measures: literature review and proposed guidelines. J Clin Epidemiol 1993;46(12):1417-1432.

140. Guyatt GH, Cook DJ. Health status, quality of life, and the individual. JAMA 1994;272(8):630-631.

141. Haggerty JL, Reid RJ, Freeman GK, Starfield BH, Adair CE, McKendry R. Continuity of care: a multidisciplinary review. BMJ 2003;327(7425):1219-1221.

142. Hawe P, Webster C, Shiell A. A glossary of terms for navigating the field of social network analysis. J Epidemiol Community Health 2004;58(12):971-975.

143. Health Insurance Portability and Accountability Act. HIPAA Glossary. Disponível em: https://www.cms.gov/apps/glossary/default.asp?letter=all&audience=7 [acedido em 25-10-2017]

144. Heaton RK, Pendleton MG. Use of Neuropsychological tests to predict adult patients' everyday functioning. J Consult Clin Psychol 1981;49(6):807-821.

145. Hebel JR, McCarter RJ. Study Guide to Epidemiology and Biostatistics. 6 ed. Jones and Bartlett Publishing; 2006.

146. Hennekens CH, Buring JE. Epidemiology in Medicine. 1st ed. Boston: Little, Brown and Company; 1987.

147. Higgins J, Mayo NE, Desrosiers J, Salbach NM, Ahmed S. Upper extremity function and recovery in the acute phase post stroke. J Rehabil Res Dev. In press.

148. Hjermstad MJ, Fayers PM, Haugen DF et al. Studies comparing Numerical Rating Scales, Verbal Rating Scales, and Visual Analogue Scales for assessment of pain intensity in adults: a systematic literature review. J Pain Symptom Manage 2011;41(6):1073-1093.

149. Hrobjartsson A, Gotzsche PC. Is the placebo powerless? An analysis of clinical trials comparing placebo with no treatment. N Engl J Med 2001;344(21):1594-1602.

150. Iliffe S. Medication review for older people in general practice. J R Soc Med 1994;87 Suppl 23:11-13.

151. Institute of Medicine. Crossing the quality chasm: A new health system for the 21st century. Washington: National Academy Press; 2001.

152. Institute of Medicine. Institute of Medicine. Disponível em: http://www.iom.edu.np/ . [acedido em 25-10-2017]

153. Isaksson AK, Ahlstrom G. Managing chronic sorrow: experiences of patients with multiple sclerosis. J Neurosci Nurs 2008;40(3):180-191.

154. Jaeschke R, Singer J, Guyatt GH. Measurement of health status. Ascertaining the minimal clinically important difference. Controlled Clinical Trials 1989;10:407-415.

155. Jenkinson C, Gray A, Doll H, Lawrence K, Keoghane S, Layte R. Evaluation of index and profile measures of health status in a randomized controlled trial. Comparison of the Medical Outcomes Study 36-Item Short Form Health Survey, EuroQol, and disease specific measures. Med Care 1997;35(11):1109-1118.

156. Johnson RB, Onwuegbuzie AJ, Turner LA. Toward a definition of mixed methods research. Journal of Mixed Methods Research 2007;1(2):112-133.

157. Joshanloo M. Eastern Conceptualization of Happiness: Fundamental Differences with Western Views. Journal of Happiness Studies 2014;15:475-493.

158. Kaminsky DA, Knyazhitskiy A, Sadeghi A, Irvin CG. Assessing maximal exercise capacity: peak work or peak oxygen consumption? Respir Care 2014;59(1):90-96.

159. Kaplan RM. Quality of LIfe Measures: Measurement Strategies in Health Psychology. New York: John Wiley; 1985.

160. Katz S, Ford AB, Moskowitz RW, Jackson BA, Jaffe MW. Studies of illness in the aged. the Index of ADL: A standardized measure of biological and psychosocial function. JAMA 1963;185:914-919.

161. Keeney S, Hasson F, McKenna HP. A critical review of the Delphi technique as a research methodology for nursing. Int J Nurs Stud 2001;38(2):195-200.

162. Kickbusch IS. Health Literacy: addressing the health and education divide. Health Promotion International 2001;16(3):289-297.

163. Kilne RB. Principles and Practices of Structural Equation Modeling. Second ed. New York: Guilford Press; 2005.

164. Kipling R. The Elephant's Child. Just So Stories For Little Children. eBooks@Adelaide; 1902.

165. Kirsch I. The international Adult Literacy Survey (IALS): Understanding what was measured. Educational Testing Service, 2001RR-01-25.)

166. Kitwood T. Cognition and Emotion in the Pschology of Human Values. Oxford Review of Education 1984;10(3):293-301.

167. Kitzinger J. Qualitative research. Introducing focus groups. BMJ 1995;311(7000):299-302.

168. Klar N, Donner A. Current and future challenges in the design and analysis of cluster randomization trials. Stat Med 2001;20(24):3729-3740.

169. Kleinbaum DG, Kupper LL, Muller KE. Applied regression analysis and other multivariable methods. Boston: PWS-KENT Publishing Co.; 1988.

170. Kluger BM, Krupp LB, Enoka RM. Fatigue and fatigability in neurologic illnesses: proposal for a unified taxonomy. Neurology 2013;80(4):409-416.

171. Kodner DL, Spreeuwenberg C. Integrated care: meaning, logic, applications, and implications - a discussion paper. International journal of integrated care 2002;2.

172. Krupp LB, Alvarez LA, LaRocca NG, Scheinberg LC. Fatigue in Multiple Sclerosis. Archives of Neurology 1988;45:435-437.

173. Kubzansky LD, Thurston RC. Emotional vitality and incident coronary heart disease: benefits of healthy psychological functioning. Arch Gen Psychiatry 2007;64(12):1393-1401.

174. Landau SI. Dictionaries: The Art and Craft of Lexicography. 2nd ed. Press Syndicate of the University of Cambridge; 2001.

175. Landis JR, Koch GG. The measurement of observer agreement for categorical data. Biometrics 1977;33(1):159-174.

176. Last JM. A Dictionary of Epidemiology. Fourth ed. Oxford University Press; 2001.

177. Layes A, Asada Y, Kepart G. Whiners and deniers - what does self-rated health measure? Soc Sci Med 2012;75(1):1-9.

178. Le Réseau international sur le Processus de production du handicap (RIPPH). La participation Sociale. Disponível em: http://www.ripph.qc.ca . 2015. [acedido em 25-10-2017]

179. Leidy NK. Using functional status to assess treatment outcomes. Chest 1994;106(6):1645-1646.

180. Leon AC, Davis LL, Kraemer HC. The role and interpretation of pilot studies in clinical research. J Psychiatr Res 2011;45(5):626-629.

181. Levasseur M, Richard L, Gauvin L, Raymond E. Inventory and analysis of definitions of social participation found in the aging literature: proposed taxonomy of social activities. Soc Sci Med 2010;71(12):2141-2149.

182. Li Q, Loke AY. A literature review on the mutual impact of the spousal caregiver-cancer patients dyads: 'communication', 'reciprocal influence', and 'caregiver-patient congruence'. Eur J Oncol Nurs 2014;18(1):58-65.

183. Li T, Puhan MA, Vedula SS, Singh S, Dickersin K. Network meta-analysis-highly attractive but more methodological research is needed. BMC Med 2011;9:79.

184. Liang MH, Larson MG, Cullen KE, Schwartz JA. Comparative measurement efficiency and sensitivity of five health status instruments for arthritis research. Arthritis & Rheumatism 1985;28(5):542-547.

185. Linacre JM. Correlation Coefficients: Describing relationships. Rasch Measurement Transactions 2005;19(3):1028-1029.

186. Lisboa JV, Augusto MG, Ferreira PL.Estatística aplicada à gestão. Porto: Vida Económica, 2012.

187. LIttle RJA, Rubin DB. Statistical Analysis with Missing Data. New York: 1987.

188. Lord FM, Novick MR, Birnbaum A. Statistical theories of mental test scores. Reading MA: Addison-Wesley; 1968.

189. Lord FM. Applications of item response to theory to practical testing problems. Hillsdale NJ: Lawrence Erlbaum Associates; 1980.

190. Lorig KR, Sobel DS, Stewart AL et al. Evidence suggesting that a chronic disease self-management program can improve health status while reducing hospitalization: a randomized trial. Med Care 1999;37(1):5-14.

191. Lourenco CB. Apathy in Stroke: Conceptualization, Measurement, and Impact. McGill University; 2014.

192. Macaulay AC, Commanda LE, Freeman WL et al. Participatory research maximises community and lay involvement. North American Primary Care Research Group. BMJ 1999;319(7212):774-778.

193. Mantzavinis GD, Pappas N, Dimoliatis ID, Ioannidis JP. Multivariate models of self-reported health often neglected essential candidate determinants and methodological issues. J Clin Epidemiol 2005;58(5):436-443.

194. Manwell LA, Barbic SP, Roberts K et al. What is mental health? Evidence towards a new definition from a mixed methods multidisciplinary international survey. BMJ Open 2015;5(6):e007079.

195. Marin RS. Apathy: a neuropsychiatric syndrome. J Neuropsychiatry Clin Neurosci 1991;3(3):243-254.

196. Mayo N, Asano M. Not another meta-analysis! Mult Scler 2009;15(4):409-411.

197. Mayo NE, Figueiredo S. Measuring what Matters: What's in a Name? Journal of Clinical Epidemiology 2015.

198. Mayo NE, Goldberg MS. When is a case-control study a case-control study? J Rehabil Med 2009;41(4):217-222.

199. Mayo NE, Goldberg MS. When is a case-control study not a case-control study? J Rehabil Med 2009;41(4):209-216.

200. Mayo NE, Wood-Dauphinee S, Cote R et al. There's no place like home: an evaluation of early supported discharge for stroke. Stroke 2000;31(5):1016-1023.

201. Mayo NE. Randomized Trials and Other Parallel Comparisons of Treatment. In: Bailar JC, Hoaglin DC, editors. Medical Uses of Statistics. 3rd ed. Hoboken, New Jersey: A John Wiley & Sons, Inc & The New England Journal of Medicine; 2009:51-89.

202. Mayo NE. Randomized Trials and Other Parallel Comparisons of Treatment. In: Bailar JC, Hoaglin DC, editors. Medical Uses of Statistics. 3rd ed. Hoboken, New Jersey: A John Wiley & Sons, Inc & The New England Journal of Medicine; 2009:51-89.

203. Mayo NE. Understanding Analyses of Randomized Trials. In: Bailar JC, Hoaglin DC, editors. Medical Uses of Statistics. 3rd ed. Hoboken, New Jersey: A John Wiley & Sons, Inc & The New England Journal of Medicine; 2009:195-237.

204. McAlister FA, Clark HD, van WC et al. The medical review article revisited: has the science improved? Ann Intern Med 1999;131(12):947-951.

205. McArdle D, Katch F, Katch V. Energy, Nutrition and Human Performance. Exercise Physiology 5th Edition ed. Baltimore, Maryland: Lipponcott Williams and Wilkins; 2001.

206. McClimans L, Bickenbach J, Westerman M, Carlson L, Wasserman D, Schwartz C. Philosophical perspectives on response shift. Qual Life Res 2013;22(7):1871-1878.

207. McCrae RR, Costa PT, Jr. Conceptions and Correlates of Openness to Experience. In: Hogan R, Johnson J, editors. Handbook of Personality Psychology. Orlando FL: Academic Press; 1997:825-842.

208. McCrae RR, Costa PT, Jr. Personality trait structure as a human universal. Am Psychol 1997;52(5):509-516.

209. McCrae RR, John OP. An introduction to the five-factor model and its applications. J Pers 1992;60(2):175-215.

210. McCrae RR, Sutin AR. Openness to Experience. In: Leary MR, Hoyle RH, editors. Handbook of Individual Differences in Social Behavior. New York: Guilford Press; 2009:257-273.

211. McDowell I. Measuring Health: A guide to rating scales and questionnaires. New York: Oxford University Press; 2006.

212. McKenna HP. The Delphi technique: a worthwhile research approach for nursing? J Adv Nurs 1994;19(6):1221-1225.

213. McMillan FD. Quality of life in animals. J Am Vet Med Assoc 2000;216(12):1904-1910.

214. Mdege ND, Man MS, Taylor Nee Brown CA, Torgerson DJ. Systematic review of stepped wedge cluster randomized trials shows that design is particularly used to evaluate interventions during routine implementation. J Clin Epidemiol 2011;64(9):936-948.

215. American Phychiatric Association. What Is Mental Illness? Disponível em: https://www.psychiatry.org/patients-families/what-is-mental-illness. 2015. [acedido em 08-11-2017].

216. Mental Health Commission of Canada. Changing directions, changing lives: The mental health strategy for Canada. Calgary AB: 2012

217. Merriam Webster Dictionary. Disponível em: http://www.merriam-webster.com/. 2012. [acedido em 25-10-2017]

218. Messick S. Validity of psychological assessment: validation of inferences from persons' responses and performances as scientific inquiry into score meaning. American Psychologist 1995;50(9):741.

219. Meyer T, Gutenbrunner C, Bickenbach J, Cieza A, Melvin J, Stucki G. Towards a conceptual description of rehabilitation as a health strategy. J Rehabil Med 2011;43(9):765-769.

220. Michell J. Measurement in Psychology: A critical history of methodological concept. United Kingdom: Cambridge Press; 1999.

221. Moher D, Liberati A, Tetzlaff J, Altman DG. Preferred reporting items for systematic reviews and meta-analyses: the PRISMA statement. J Clin Epidemiol 2009;62(10):1006-1012.

222. Mokkink LB, Terwee CB, Patrick DL et al. The COSMIN study reached international consensus on taxonomy, terminology, and definitions of measurement properties for health-related patient-reported outcomes. J Clin Epidemiol 2010;63(7):737-745.

223. Morita T, Tsunoda J, Inoue S, Chihara S. An exploratory factor analysis of existential suffering in Japanese terminally ill cancer patients. Psychooncology 2000;9(2):164-168.

224. Mossey JM, Shapiro E. Self-rated health: a predictor of mortality among the elderly. Am J Public Health 1982;72(8):800-808.

225. Muennig P. Cost-Effectiveness Analysis in Health: A Practical Approach. 2 ed. San Francisco, CA: Jossey-Bass; 2008.

226. Mukherjee B, Ou HT, Wang F, Erickson SR. A new comorbidity index: the health-related quality of life comorbidity index. J Clin Epidemiol 2011;64(3):309-319.

227. Myers J, Prakash M, Froelicher V, Do D, Partington S, Atwood JE. Exercise capacity and mortality among men referred for exercise testing. N Engl J Med 2002;346(11):793-801.

228. Nakagawa S, Cuthill IC. Effect size, confidence interval and statistical significance: a practical guide for biologists. Biol Rev Camb Philos Soc 2007;82(4):591-605.

229. National Center for the Dissemination of Disease Research. Knowledge Translation at the Canadian Institutes of Health Research: A primer. 200718.)

230. National Multiple Sclerosis Society. Disponível em: http://www.nationalmssociety.org/index.aspx . 2012. [acedido em 25-10-2017]

231. Nemeth C, Wears R, Woods D, Hollnagel E, Cook R. Minding the Gaps: Creating Resilience in Health Care. 2008.

232. Netemeyer RG, Beardon WO, Sharma S. Scaling Procedures, Issues and Applications. Thousand Oaks, CA: Sage Publications; 2003.

233. NHS Care Records Service- Single Assessment Process. Glossary of Health, Social Care and Information Technology. 2011.

234. Nici L, Donner C, Wouters E et al. American Thoracic Society/European Respiratory Society statement on pulmonary rehabilitation. Am J Respir Crit Care Med 2006;173(12):1390-1413.

235. Nicola U. Antologia ilustrada de filosofia: das origens à idade moderna. Tradução de Maria Margherita de Luca. São Paulo. Globo. 2005. p. 303.

236. Norman G. Hi! How are you? Response shift, implicit theories and differing epistemologies. Qual Life Res 2003;12(3):239-249.

237. Norman GR, Sloan JA, Wyrwich KW. Interpretation of changes in health-related quality of life: the remarkable universality of half a standard deviation. Med Care 2003;41(5):582-592.

238. Norman GR, Streiner DL. PDQ Statistics. Third ed. BC Decker Inc; 2003.

239. Northern & Yorkshire Public Health Observatory. An Overview of Health Impact Assessment. Disponível em: http://www.nepho.org.uk/publications.php5?rid=439&hl . 2001. [acedido em 25-10-2017]

240. Nucci M, Mapelli D, Mondini S. Cognitive Reserve Index questionnaire (CRIq): a new instrument for measuring cognitive reserve. Aging Clin Exp Res 2012;24(3):218-226.

241. Nunnally J, Bernstein I. Psychometric Theory. 3rd ed. New York: McGraw-Hill; 1994.

242. Nutbeam D. Health promotion glossary. Health Promotion International 1998;13(4):349-364.

243. O'Boyle CA, Hofer S, Ring L. Individualized quality of life. Assessing quality of life in clinical trials. Second ed. Oxford University Press; 2005:225-242.

244. O'Connor AM, Bennett CL, Stacey D et al. Decision aids for people facing health treatment or screening decisions. Cochrane Database Syst Rev 2009;(3):CD001431.

245. O'Connor AM, Rostom A, Fiset V et al. Decision aids for patients facing health treatment or screening decisions: systematic review. BMJ 1999;319(7212):731-734.

246. OECD Glossary of Statistical terms. Disponível em: http://stats.oecd.org/glossary/ [acedido em 25-10-2017]

247. Olsson U, Drasgaw F. The polyserial correlation coefficient. Psychometrika 1982;47:337-347.

248. Onder G, van der Cammen TJ, Petrovic M, Somers A, Rajkumar C. Strategies to reduce the risk of iatrogenic illness in complex older adults. Age Ageing 2013;42(3):284-291.

249. Oxford Dictionaries. The Oxford Dictionary. Oxford University Press; 2010.

250. Oxford Dictionary of English. 2015. Oxford University Press.

251. Pai M, McCulloch M, Gorman JD et al. Systematic reviews and meta-analyses: an illustrated, step-by-step guide. Natl Med J India 2004;17(2):86-95.

252. Patrick DL, Curtis JR, Engelberg RA, Nielsen E, McCown E. Measuring and improving the quality of dying and death. Ann Intern Med 2003;139(5 Pt 2):410-415.

253. Patrick DL, Erickson P. Health Status and Health Policy: Quality of Life in Health Care Evaluation and Resource Allocation. Oxford University Press; 1993.

254. Paunonen SV. Big Five factors of personality and replicated predictions of behavior. J Pers Soc Psychol 2003;84(2):411-424.

255. PCORI. Patient-Centered Outcomes. Disponível em: http://www.pcori.org/research-we-support/pcor/ . 2012. [acedido em 25-10-2017]

256. Peduzzi P, Wittes J, Detre K, Holford T. Analysis as-randomized and the problem of non-adherence: an example from the Veterans Affairs Randomized Trial of Coronary Artery Bypass Surgery. Stat Med 1993;12(13):1185-1195.

257. Peel C, Sawyer BP, Roth DL, Brown CJ, Brodner EV, Allman RM. Assessing mobility in older adults: the UAB Study of Aging Life-Space Assessment. Phys Ther 2005;85(10):1008-1119.

258. Picker Institute. Improving healthcare through the patient's eyes: Principles of patient-centered care. Disponível em: http://pickerinstitute.org [acedido em 25-10-2017]

259. Porta M. A Dictionary of Epidemiology. 5th ed. Oxford University Press; 2008.

260. Portney LG, Watkins MP. Foundations of Clinical Research: Applications to Practice. Conneticut: Appelton and Lange; 1993.

261. Portugal. Assembleia da República. Lei de Base dos Cuidados Paliativos - Lei n.º 52/2012. Diário da República n.º 172, Série I, de 5 de setembro.

262. RAND. Delphi Method. Disponível em: http://www.rand.org/topics/delphi-method.html. 2015. [acedido em 25-10-2017]

263. Rapkin BD, Schwartz CE. Toward a theoretical model of quality-of-life appraisal: Implications of findings from studies of response shift. Health Qual Life Outcomes 2004;2:14.

264. Rathert C, Wyrwich MD, Boren SA. Patient-centered care and outcomes: a systematic review of the literature. Med Care Res Rev 2013;70(4):351-379.

265. Reddel HK, Taylor DR, Bateman ED et al. An official American Thoracic Society/European Respiratory Society statement: asthma control and exacerbations: standardizing endpoints for clinical asthma trials and clinical practice. Am J Respir Crit Care Med 2009;180(1):59-99.

266. Reid J, Wiseman-Orr ML, Scott EM, Nolan AM. Development, validation and reliability of a web-based questionnaire to measure health-related quality of life in dogs. J Small Anim Pract 2013;54(5):227-233.

267. Relton C, Torgerson D, O'Cathain A, Nicholl J. Rethinking pragmatic randomised controlled trials: introducing the "cohort multiple randomised controlled trial" design. BMJ 2010;340:c1066.

268. Revicki DA, Leidy NK, Brennan-Diemer F, Sorensen S, Togias A. Integrating patient preferences into health outcomes assessment: the multiattribute Asthma Symptom Utility Index. Chest 1998;114(4):998-1007.

269. Robert P, Onyike CU, Leentjens AF et al. Proposed diagnostic criteria for apathy in Alzheimer's disease and other neuropsychiatric disorders. Eur Psychiatry 2009;24(2):98-104.

270. Roberts JS, Uhlmann WR. Genetic susceptibility testing for neurodegenerative diseases: ethical and practice issues. Prog Neurobiol 2013;110:89-101.

271. Roberts MC, Ilardi SS. Handbook of Research Methods in Clinical Psychology. Wiley Blackwell; 2003.

272. Romney DM, Evans DR. Toward a general model of health-related quality of life. Qual Life Res 1996;5(2):235-241.

273. Rosenbaum P, Rubin D. The central role of the propensity score in observational studies for causal effects. Biometrika 1983;70:41-55.

274. Rosenburg L, Joseph L, Barkun A. Surgical Arithmetic: Epidemiological, Statistical and Outcome-Based Approach to Surgical Practice. Georgetown Texas, USA: Landes Bioscience; 2000.

275. Rosenzveig A, Kuspinar A, Daskalopoulou SS, Mayo NE. Toward patient-centered care: a systematic review of how to ask questions that matter to patients. Medicine (Baltimore) 2014;93(22):e120.

276. Ross CK, Frommelt G, Hazelwood L, Chang RW. The role of expectations in patient satisfaction with medical care. J Health Care Mark 1987;16-26.

277. Rothman KJ, Greenland S, Lash T. Modern Epidemiology. 3 ed. Lippincott, Williams and Wilkinson; 2008.

278. Rothman KJ. Causes. Am J Epidemiol 1976;104(6):587-592.

279. Rubin DB. Multiple imputation for nonresponse in surveys. New York: Wiley; 1987.

280. Ryan M, Farrar S. Eliciting preferences for health care using conjoint analysis. BMJ 2000;320:1530-1533.

281. Ryff CD, Singer B. Psychological well-being: meaning, measurement, and implications for psychotherapy research. Psychother Psychosom 1996;65(1):14-23.

282. Ryff CD. Psychological well-being revisited: advances in the science and practice of eudaimonia. Psychother Psychosom 2014;83(1):10-28.

283. Rykk CD. Happiness is Everything, or Is It? Explorations on the Meaning of Psychological Well-Being. Journal of Personality and Social Psychology 1989;57(6):1069-1081.

284. Sackett DL, Cook DJ. Can we learn anything from small trials? Ann N Y Acad Sci 1993;703:25-31.

285. Sackett DL. Bias in analytic research. J Chronic Dis 1979;32(1-2):51-63.

286. Schlesselman JJ, Stolley PD. Case-Control Studies. Design, Conduct, Analysis. Monographs in Epidemiology and Biostatistics. New York, Oxford: Oxford University Press; 1982:7-26.

287. Schoenwald SK, Garland AF, Chapman JE, Frazier SL, Sheidow AJ, Southam-Gerow MA. Toward the effective and efficient measurement of implementation fidelity. Adm Policy Ment Health 2011;38(1):32-43.

288. Schwandt TA. Qualitative Inquiry: A Dictionary of Terms. SAGE Publications Inc; 1997.

289. Schwartz CE, Andresen EM, Nosek MA, Krahn GL. Response shift theory: important implications for measuring quality of life in people with disability. Arch Phys Med Rehabil 2007;88(4):529-536.

290. Schwartz CE, Sprangers MAG. Adaptation to Changing Health response shift in Quality-of-Life Research. 1st ed. Washington, DC: American Psychological Association; 2000.

291. Scott S, Goldberg M, Mayo N. Statistical Assessment of ordinal outcomes in comparative studies. Journal of Clinical Epidemiology 1997;50:45-55.

292. Shapiro AK, Shapiro E. The Powerful Placebo: From Ancient Priest to Modern Physician. JHU Press; 2000.

293. Sikula A Sr., Costa AD. Are Women More Ethical than Men? Journal of Business Ethics 1994;13:859-871.

294. Simon Day. Dictionary for Clinical Trials. Second Edition ed. Welwyn Garden City: Roche Products Limited; 2007.

295. Sloan JA, Aaronson N, Cappelleri JC, Fairclough DL, Varricchio C. Assessing the clinical significance of single items relative to summated scores. Mayo Clin Proc 2002;77(5):479-487.

296. Smetanin P, Stiff D, Briante C, Adair CE, Ahmad S, Khan M. The Life and Economic Impact of Major Mental Illnesses in Canada: 2011 to 2041. Risk Analytica, on behalf of the Mental Health Commission of Canada 201, 2011

297. Smith BJ, Tang KC, Nutbeam D. WHO Health Promotion Glossary: new terms. Health Promotion International 2006;21(4):340-345.

298. Spearman C. General intelligence objectively determined and measured. American Journal of Psychology 1904;15:201-293.

299. Spiegelhalter DJ, Abrams KR, Myles JP. Bayesian Approaches to Clinical Trials and Health-Care Evaluation. 2004.

300. Spilker B. Quality of Life and Pharmacoeconomics in Clinical Trials. 2 ed. Lippincott Williams & Wilkins; 1995.

301. Sprangers MA, Schwartz CE. Integrating response shift into health-related quality of life research: a theoretical model. Soc Sci Med 1999;48(11):1507-1515.

302. Stanford Encyclopedia of Philosophy. Stanford California: 2010.

303. Stanford School of Medicine. Stanford Small-Group Self-Management Programs in English. http://patienteducation.stanford.edu/programs/ . 2014.

304. Starkstein S. Apathy and Withdrawal. Int Psychogeriatr 2000;12:135-137.

305. Stewart AL, Teno J, Patrick DL, Lynn J. The concept of quality of life of dying persons in the context of health care. J Pain Symptom Manage 1999;17(2):93-108.

306. Streiner DL, Norman GR. Health Measurement Scale: a practical guide to their development and use.

Fourth ed. Oxford; 2008.

307. Systematic Reviews in Health Care: Meta-Analysis in Context. Second ed. London: BMJ Books; 2001.

308. Taylor KD, Mills DS. Is quality of life a useful concept for companion animals? Animal Welfare 2007;16:55-65.

309. Terwee CB, Dekker FW, Wiersinga WM, Prummel MF, Bossuyt PM. On assessing responsiveness of health-related quality of life instruments: guidelines for instrument evaluation. Qual Life Res 2003;12(4):349-362.

310. Tessier A, Zavorsky GS, Kim dJ, Carli F, Christou N, Mayo NE. Understanding the Determinants of Weight-Related Quality of Life among Bariatric Surgery Candidates. J Obes 2012;2012.

311. The Cochrane Collaborators. Cochrane Handbook for Systematic Reviews of Interventions. Higgins JPT, Green S, editors. 2011. Disponível em: http://training.cochrane.org/handbook   [acedido em 25-10-2017]

312. The HCAHPS Survey:Frequently Asked Questions. Disponível em: https://www.cms.gov/Medicare/Quality-Initiatives-Patient-Assessment-Instruments/HospitalQualityInits/Downloads/HospitalHCAHPSFactSheet201007.pdf . 2015. [acedido em 25-10-2017]

313. The World Health Organization Quality of Life assessment (WHOQOL): position paper from the World Health Organization. Soc Sci Med 1995;41(10):1403-1409.

314. Thompson SG, Higgins JP. How should meta-regression analyses be undertaken and interpreted? Stat Med 2002;21(11):1559-1573.

315. Tilley BC, Marler J, Geller NL et al. Use of a global test for multiple outcomes in stroke trials with application to the National Institute of Neurological Disorders and Stroke t-PA Stroke Trial. Stroke 1996;27(11):2136-2142.

316. Townsend EA, Polatajko HJ. Enabling Occupation II: Advancing an occupational therpay vision for health, well-being & justice through occupation. 2nd ed. Ottawa: CAOT; 2013.

317. Treasury Board of Canada Secretariat. Treasury Board of Canada Secretariat. Disponível em: http://www.tbs-sct.gc.ca/tbs-sct/index-eng.asp . 2011. [acedido em 25-10-2017]

318. Trochim WM, Linton R. Conceptualization for planning and evaluation. Evaluation and program planning 1986;9(4):289-308.

319. UCLA: Institute for Digital Research and Education. Regression with SAS: Simple and Multiple Regression. Disponível em: https://stats.idre.ucla.edu/sas/webbooks/reg/chapter1/regressionwith-saschapter-1-simple-and-multiple-regression/ [acedido em 25-10-2017]

320. Uebersax JS. Likert Scales: Dispelling the Confusion. Disponível em: http://john-uebersax.com/stat/likert.htm . 2015 [acedido em 25-10-2017]

321. US National Library of Medicine: National Institutes of Health. Disponível em: http://www.nlm.nih.gov/ . 2012. [acedido em 25-10-2017]

322. VandenBos GR. APA Dictionary of Psychology. Washington DC: American Psychological Association; 2007.

323. Vogt WP. Dictionary of Statistics and Methodology - A Nontechnical Guide for the Social Sciences. 3rd ed. Thousand Oaks California: SAGE Publications; 2005.

324. Wagner EH, Austin BT, Von KM. Organizing care for patients with chronic illness. Milbank Q 1996;74(4):511-544.

325. Walton MK, Powers JH, Patrick DL et al. Clinical Outcome Assessments: Conceptual Foundation. Value in Health. In press.

326. Ware JE, Jr., Davies-Avery A, Stewart AL. The measurement and meaning of patient satisfaction. Health Med Care Serv Rev 1978;1(1):1, 3-1,15.

327. Webster's New World Medical Dictionary. 3 ed. Wiley; 2008.

328. Weinstein MC, Torrance G, McGuire A. QALYs: the basics. Value Health 2009;12 Suppl 1:S5-S9.

329. Weiss DJ, Kingsbury GG. Application of computerized adaptive testing to educational problems. Journal of Educational Measurement 1984;21:361-375.

330. Weissman MM, Sholomskas D, Pottenger M, Prusoff BA, Locke BZ. Assessing depressive symptoms in five psychiatric populations: a validation study. Am J Epidemiol 1977;106(3):203-214.

331. White KL. Improved medical care statistics and the health services system. Public Health Rep 1967;82(10):847-854.

332. WHO Glossary. Disponível em: http://www.who.int/topics/en/ [acedido em 25-10-2017]

333. WHO. Budapest Declaration of Health Promotion. Disponível em: http://www.hphnet.org/attachments/article/40/budapes_dec.pdf . 1991. [acedido em 25-10-2017]

334. WHO. Glossary of globalization, trade and health terms. http://www.who.int/trade/glossary/en/ . 2011.

335. WHO. Glossary of Terms for Community Health Care and Services for Older Persons. Disponível em: http://www.who.int/kobe_centre/ageing/ahp_vol5_glossary.pdf 5. 2004. [acedido em 25-10-2017]

336. WHO. Health Systems Financing: The Path to Universal Coverage. Disponível em: http://www.who.int/whr/2010/en/ 2010. [acedido em 25-10-2017]

337. WHO. Innovative Care for Chronic Conditions. Disponível em: http://www.who.int/chp/knowledge/publications/icccreport/en/ 2003. [acedido em 25-10-2017]

338. WHO. International Classification of Functioning, Disability and Health. Second revision. ed. Geneva: 2001.

339. WHO. Primary Health Care. Disponível em: http://www.unicef.org/about/history/files/Alma_Ata_conference_1978_report.pdf 1978. [acedido em 25-10-2017]

340. WHO. Regional Prepatory Meeting on Promoting Health Literacy. Disponível em: http://www.un.org/en/ecosoc/newfunct/pdf/chinameetinghealthliteracybackgroundpaperv2.pdf . 5-11-2009. [acedido em 25-10-2017]

341. WHO. Social Determinants of Health. Disponível em: http://www.who.int/social_determinants/B_132_14-en.pdf?ua=1 . 2012. [acedido em 25-10-2017]

342. WHO. Violence against women. Disponível em: http://www.who.int/mediacentre/factsheets/fs239/en/ . 2013. [acedido em 25-10-2017]

343. WHO. What is mental health? http://www.who.int/features/qa/62/en/ . 2007.

344. Williamson EJ, Forbes A. Introduction to propensity scores. Respirology 2014;19(5):625-635.

345. Willis G, Roston P, Bercini D. The use of verbal report methods in the development and testing of survey questionnaires. Applied Cognitive Psychology 1991;5:251-267.

346. Willke RJ, Burke LB, Erickson P. Measuring treatment impact: a review of patient-reported outcomes and other efficacy endpoints in approved product labels. Control Clin Trials 2004;25(6):535-552.

347. Wilson IB, Cleary PD. Linking clinical variables with health-related quality of life. A conceptual model of patient outcomes. JAMA 1995;273(1):59-65.

348. Wilson IB, Cleary PD. Linking clinical variables with health-related quality of life. A conceptual model of patient outcomes. Journal of the American Medical Association 1995;273(1):59-65.

349. Wilson PM, Petticrew M, Calnan MW, Nazareth I. Disseminating research findings: what should researchers do? A systematic scoping review of conceptual frameworks. Implement Sci 2010;5:91.

350. Wilt J, Revelle W. Extraversion. In: Leary MR, Hoyle RH, editors. Handbook of Individual Differences in Social Behavior. New Yorkl: Guilford Press; 2009:27-45.

351. Windle G, Bennett KM, Noyes J. A methodological review of resilience measurement scales. Health Qual Life Outcomes 2011;9:8.

352. Windle G. The Resilience Network: What is resilience? A systematic review and concept analysis. Reviews in Clinical Gerontology 2010;21:1-18.

353. Wiseman-Orr ML, Nolan AM, Reid J, Scott EM. Development of a questionnaire to measure the effects of chronic pain on health-related quality of life in dogs. Am J Vet Res 2004;65(8):1077-1084.

354. Wiseman-Orr ML, Scott EM, Reid J, Nolan AM. Validation of a structured questionnaire as an instrument to measure chronic pain in dogs on the basis of effects on health-related quality of life. Am J Vet Res 2006;67(11):1826-1836.

355. Wojciechowska JI, Hewson CJ. Quality-of-life assessment in pet dogs. J Am Vet Med Assoc 2005;226(5):722-728.

356. Wood W, Eagly AH. Gender Identity. In: Leary MR, Hoyle RH, editors. Handbook of Individual Differences in Social Behavior. New York: Guilford Press; 2009:109-125.

357. World Happiness Report 2015. 2015

358. World Health Organization. Adherence to Long-Term Therapies- Evidence to Action. 2003.

359. World Health Organization. Ottawa Charter for Health Promotion. Ottawa, Ontario, Canada: 1986

360. Wyller VB. The chronic fatigue syndrome-an update. Acta Neurol Scand Suppl 2007;187:7-14.

361. Zermansky A. Number needed to harm should be measured for treatments. BMJ 1998;317(7164):1014.

ÍNDICE INGLÊS - PORTUGUÊS

INGLÊS	PORTUGUÊS
Acceptability	Aceitabilidade
Accuracy	Exatidão
Acquiescence bias/obsequiousness bias	Viés por aquiescência ou por cortesia
Activities of daily living	Atividades da vida diária
Activity	Atividade
Activity limitation	Limitações de atividade
Adaptive designs	Desenho adaptativo
Adaptive test	Teste adaptativo
Adherence (to therapy)	Adesão à terapia
Administrative databases	Bases de dados administrativas
Advanced directives	Testamento vital / Diretiva antecipada de vontade
Advocacy	Advocacia
Aetiology / etiology	Etiologia
Affect	Afeto
Ageism	Idadismo
Agreeableness	Amabilidade
Agreement	Acordo
Akaike's information criteria	Critério de informação de Akaike
All subsets regression	Regressão de todos os subconjuntos possíveis
Alpha error	Erro alfa
Anchor	Âncora
Anchor-based	Baseado em âncora
Anonymized	Anonimizado
Anonymous	Anónimos
Apathy	Apatia
Appraisal	Análise
Area under the curve	Área sob a curva
Assistive technology	Tecnologia de apoio
Attitude	Atitude
Attribute	Atributo
Attrition	Atrito
Audit	Auditoria
Autonomy	Autonomia
Avatar	Avatar
Back translation	Retroversão
Barrier	Barreira
Battery	Bateria
Bayesian information criterion	Critério de informação de Bayes
Bayesian statistic	Estatística Bayesiana
Bereavement	Perda

INGLÊS	PORTUGUÊS
Beta coefficient (β)	Coeficiente beta (β)
Beta error	Erro beta
Bias	Viés
Blinding	Ocultação
Blocking	Agrupamento em blocos
Body function	Funções do corpo
Body mass index (BMI)	Índice de massa corporal (IMC)
Body structure	Estruturas do corpo
Bookmarking	Marcação
Bootstrap	*Bootstrap*
Burden of care	Carga da prestação de cuidados
Burden of disease	Carga da doença
Capacity	Capacidade
Capture-recapture method	Método por captura-recaptura
Care pathway	Programa de cuidados
Care plan	Plano de cuidados
Caregiver	Cuidador
Case fatality rate	Taxa de letalidade
Case management	Gestão de caso
Case study	Estudo de caso
Case-cohort study	Estudo de caso-coorte
Case-control study	Estudo de caso-controle
Case-crossover study	Estudo de caso cruzado
Case-only study	Estudo de caso único
Catalyst	Catalisador
Causal indicator	Indicador causal
Causal variable	Variável causal
Cause (necessary)	Causa necessária
Cause (sufficient)	Causa suficiente
Censored	Censurado
Central limit theorem (CLT)	Teorema do limite central
Change	Mudança
Checklist	Lista de verificação
Chemoprevention	Quimioprofilaxia
Chronic care model (chronic disease model)	Modelo de cuidados crónicos / crônicos (modelo de doença crónica / crônica)
Classical test theory	Teoria clássica dos testes
Clinical outcome assessment	Avaliação de resultados / desfechos clínicos
Clinical practice guidelines	Normas de orientação clínica
Clinical trial	Estudo clínico
Clinically important difference	Diferença clinicamente importante (DCI)
Clinician-reported outcome (ClinRO or CRO)	Resultado / desfecho reportado pelos clínicos (ClinRO ou CRO)
Clinimetrics	Clinimetria

INGLÊS	PORTUGUÊS
Cluster analysis	Análise de agrupamentos
Cluster randomized trial	Ensaio aleatorizado por agrupamentos
Cochrane review	Revisão Cochrane
Cognitive debriefing/cognitive interviewing	Entrevistas cognitivas
Cognitive reserve	Reserva cognitiva
Cohort multiple randomized controlled design	Desenho controlado aleatorizado de coorte múltipla
Cohort study	Estudo de coorte
Cold deck	Método *cold deck*
Community-dwelling	Residente na comunidade
Comorbidity	Comorbidade
Comorbidity index	Índice de comorbidade
Companionship support	Apoio de companheirismo
Comparative effectiveness research (CER)	Investigação de efetividade comparada
Compliance	Conformidade
Composite	Compósito
Computer adaptive testing (CAT)	Teste adaptativo em computador
Computer assisted interview	Entrevista assistida por computador
Concept	Conceito
Concept mapping	Mapa conceitual
Conceptual framework	Enquadramento conceitual
Conceptual model	Modelo conceitual
Concordance	Concordância
Concurrent cohort	Coorte concorrente
Concurrent validity	Validade concorrente
Condition specific measures	Medidas específicas de condição
Confidence interval	Intervalo de confiança
Confirmatory factor analysis	Análise fatorial confirmatória
Confirmatory hypothesis	Hipótese confirmatória
Confounding	Confundimento
Conjoint analysis	Análise conjunta
CONSORT	CONSORT
Construct	Constructo
Construct validity	Validade de constructo
Content	Conteúdo
Content analysis	Análise de conteúdo
Content validity	Validade de conteúdo
Context / contextual factors	Fatores de contexto
Continuity of care	Continuidade de cuidados
Convergent validity	Validade convergente
Corner-state	Estado de canto
Correlation coefficient	Coeficiente de correlação
Cost utility analyses	Análise de custo-utilidade
Cost-benefit analysis	Análise de custo-benefício

INGLÊS	PORTUGUÊS
Cost-effective analysis	Análise de custo-efetividade
Cost-minimization	Minimização de custos
Cox's proportional hazard ratio	Razão de risco proporcional de Cox
Criterion validity	Validade de critério
Cronbach's alpha	Alfa de Cronbach
Cross sectional study	Estudo transversal
Cross-cultural validity	Validade intercultural
Cross-over design	Desenho cruzado
Crude agreement	Concordância bruta
Cultural adaptation	Adaptação cultural
Cultural validity	Validade cultural
Data	Dados
Data saturation	Saturação dos dados
Debriefing	Reunião de balanço
Decision aids	Ajudas à decisão
Decision analysis	Análise de decisão
Decision-related regret	Arrependimento com a decisão
Delphi method	Método de delfos
Differential item functioning (DIF)	Funcionamento diferencial de itens
Direct costs	Custos diretos
Disability	Incapacidade
Disability adjusted life years	Anos de vida ajustados pela qualidade
Disability paradox	Paradoxo da incapacidade
Discordant	Discordante
Discrete choice experiment	Método de escolha discreta
Discriminant validity	Validade discriminante
Disease prevention	Prevenção da doença
Disease-specific measure	Medidas específicas da doença
Dismantling study	Estudo de desmantelamento
Dissemination	Disseminação
Distribution-based	Baseado na distribuição
Divergent validity	Validade divergente
Diversity	Diversidade
Domain	Domínio
Drug safety and quality	Segurança e qualidade do medicamento
Dyad	Díada
Dysfunction	Disfunção
Ecological fallacy	Falácia ecológica
Ecological public health	Saúde pública ecológica
Ecological validity	Validade ecológica
Effect indicator	Indicador de efeito
Effect modification	Modificação do efeito
Effect size	Tamanho do efeito
Effectiveness	Efetividade

INGLÊS	PORTUGUÊS
Efficacy	Eficácia
Efficiency	Eficiência
E-health	E-saúde
Emotional support	Apoio emocional
Emotional vitality	Vitalidade emocional
Emotional well-being	Bem-estar emocional
Empowerment	Empoderamento
End-aversion bias	Viés por aversão aos extremos
Endpoint	*Endpoint*
Environmental factor	Fator ambiental
Epidemiology	Epidemiologia
Equity	Equidade
Equity in health	Equidade em saúde
Ethically sound application of knowledge	Boa aplicação ética do conhecimento
Ethnicity	Etnicidade
Ethnography	Etnografia
Eudaimonia	Eudaimónia / eudaimônia
Evaluation	Avaliação
Evidence	Evidência
Evidence-based	Baseado na evidência
Evidence-based medicine	Medicina baseada na evidência
Evidence-based practice	Prática baseada na evidência
Exacerbations	Exacerbações
Exchange	Troca de conhecimento
Exercise	Exercício físico
Exercise capacity	Capacidade de exercício
Existential distress or suffering	Angústia ou sofrimento existencial
Explanatory hypothesis	Hipótese explicativa
Exploratory factor analysis	Análise fatorial exploratória
Exploratory hypothesis	Hipótese exploratória
External validity	Validade externa
Extraversion	Extroversão
Face validity	Validade facial
Factor analysis	Análise fatorial
Factor loadings	Pesos dos fatores
Family caregivers	Cuidadores familiares
Fatigue	Fadiga
Feasibility	Viabilidade
Fidelity	Fidelidade
Fitness	Forma física
Five factor model of personality	Modelo de cinco fatores de personalidade
Floor and ceiling effects	Efeito chão e efeito teto
Flow	Fluxo
Focus group	Grupo focal

INGLÊS	PORTUGUÊS
Forced-choice	Escolha forçada
Formative construct	Constructo formativo
Forward translation	Tradução
Frailty	Fragilidade
Frame of reference	Quadro de referência
Function	Função
Gamma	Coeficiente gama
Gender	Género / gênero
Gender identity	Identidade de género / gênero
Gender perspective	Perspectiva de género / gênero
Gender roles	Papéis de género / gênero
Generalizability	Generalização
Grief	Luto
Grounded theory	Teoria fundamentada
Guttman scaling	Escalonamento de Guttman
Handicap	Desvantagem
Happiness	Felicidade
Hazard ratio	Razão de risco
Health	Saúde
Health behavior	Comportamento de saúde
Health education	Educação para a saúde
Health expectancy	Esperança de saúde
Health impact assessment	Avaliação do impacto na saúde
Health indicator	Indicador de saúde
Health inequities	Iniquidades em saúde
Health literacy	Literacia / literamento em saúde
Health outcome	Resultado / desfecho em saúde
Health perception	Percepção de saúde
Health promoting hospital	Hospital promotor de saúde
Health promotion	Promoção da saúde
Health related quality of life (HRQL)	Qualidade de vida relacionada com a saúde (QVRS)
Health related quality of life in animals (HRQL-A)	Qualidade de vida relacionada com a saúde em animais (QVRS-A)
Health services research	Investigação em serviços de saúde
Health state classification system	Sistema de classificação de estados de saúde
Health status / health state	Estado de saúde
Health target	Meta em saúde
Hierarchy of evidence	Hierarquia de evidência
Hot deck	Método hot deck
Ignorable missing data	Dados omissos ignoráveis
Impairment	Deficiência
Imputation	Imputação
Implicit theory of change (ITC)	Teoria implícita de mudança

INGLÊS	PORTUGUÊS
Inception cohort	Coorte de início
Incidence	Incidência
Incremental costs	Custos incrementais
Index	Índice
Indicator variable	Variável indicador
Indirect costs	Custos indiretos
Individualized (quality of life) measures	Medidas individualizadas de qualidade de vida
Individualized medicine	Medicina individualizada
Informational support	Informações de apoio
Informed consent	Consentimento informado
Institute of Medicine	Instituto de Medicina
Instrument (tool)	Instrumento
Instrumental activities of daily living (IADL)	Atividades da vida diária instrumentais
Instrumental support	Apoio instrumental
Intangible costs	Custos intangíveis
Integrated care	Cuidados integrados
Integrated care pathway	Fluxo de cuidados integrados
Intention-to-treat (ITT)	Intenção de tratar
Intermediate health outcome	Resultado / desfecho intermédio de saúde
Intermediate variable	Variável intermédia
Internal consistency	Consistência interna
International classification, functioning, disability, and health	Classificação internacional de funcionalidade, incapacidade e saúde (CIF)
Interpretability	Interpretabilidade
Inter-rater reliability	Fiabilidade / confiabilidade inter-observador
Interval scale	Escala intervalar
Intraclass correlation coefficient	Coeficiente de correlação intraclasse
Intra-rater consistency	Consistência intraobservador
Item	Item
Item response theory (IRT)	Teoria de resposta ao item
Jackknife	*Jackknife*
Kaplan-Meier estimate	Estimador de Kaplan-Meier
Kappa	K
Knowledge translation	Tradução de conhecimento
Known groups method	Método de grupos conhecidos
Late effects	Efeitos tardios
Latent constructs	Constructos latentes
Latent variable	Variável latente
Leisure	Lazer
Levels of evidence	Níveis de evidência
Life history methodology	Metodologia de história de vida
Life skills	Competências de vida
Life-space mobility	Mobilidade no espaço quotidiano
Likert item and Likert scale	Item de Likert e escala de Likert

INGLÊS	PORTUGUÊS
List wise deletion	Eliminação completa de casos devido a não-respostas parciais
Longitudinal study	Estudo longitudinal
Longitudinal validity	Validade longitudinal
Manifest variable	Variável manifesta
Mann-Whitney U test	Teste U de Mann-Whitney
Margin	Custo marginal
Marker	Marcador
Measure	Medida
Measurement	Medição
Measurement error	Erro de medição
Measurement scale	Escala de medição
Measurement theory	Teoria da medição
Medication compliance	Cumprimento da medicação
Mental health	Saúde mental
Mental illnesses or mental health disorders	Doenças mentais ou distúrbios da saúde mental
Meta-analysis	Meta-análise
Minimal clinically important difference (MCID)	Mínima diferença clinicamente importante
Minimal detectable change (MDC)	Menor mudança detectável
Missing data	Dados omissos
Mixed methods	Métodos mistos
Model	Modelo
Modern psychometric methods	Métodos psicométricos modernos
Morbidity	Morbidade
Motivation	Motivação
Multiple imputation	Imputação múltipla
Narrative	Narrativa
Narrative inquiry	Inquérito narrativo
Narrative reviews	Revisão de narrativas
Nay-sayer	Fortemente discordante
Necessary	Fator necessário
Needs	Necessidades
Needs assessment	Avaliação de necessidades
Nested case control study	Estudo de caso-controle encaixado
Network (social network)	Rede social
Network analysis	Análise de rede
Neuroticism	Neuroticismo
Nominal group process	Processo de grupo nominal
Non-inferiority trial	Ensaio clínico de não-inferioridade
Non-linear	Não linear
Non-parametric methods	Métodos não-paramétricos
Number needed to harm	Número necessário para produzir danos
Number needed to treat (NNT)	Número necessário para tratar
Numerical rating scale	Escala de classificação numérica

INGLÊS	PORTUGUÊS
Observer reported outcome (ObsRO)	Resultado / desfecho reportado por observador (ObsRO)
Occupational therapy	Terapia ocupacional
Odds	Chances
Odds ratio	Razão de chances
Ontology	Ontologia
Openness to experience	Abertura à experiência
Opportunity costs	Custos de oportunidade
Ordinal	Ordinal
Outcome	Resultado / desfecho
Palliative care	Cuidados paliativos
Panel study	Estudo em painel
Paper adaptive test	Teste adaptativo em papel
Participation	Participação
Participation restriction	Restrição de participação
Participatory research	Investigação participativa
Path analysis	Análise de percursos
Patient engagement	Envolvimento do paciente
Patient reported experience measures (PREMs)	Medidas da experiência relatadas pelo paciente (PREM)
Patient-centered care	Cuidado de saúde centrado no paciente
Patient-centered outcomes	Resultado / desfecho centrado no paciente
Patient-centered outcomes research	Investigação em resultados / desfechos centrados no paciente
Patient-reported outcomes (PROs)	Resultado / desfecho reportado pelo paciente (PRO)
Performance	Desempenho
Performance rated outcome (PerfRO or PerfO)	Resultado / desfecho de medidas de desempenho (PerfRO ou PerfO)
Person centered approach	Abordagem centrada na pessoa
Personalized medicine	Medicina personalizada
Phase I clinical study	Ensaio clínico de fase I
Phase II clinical study	Ensaio clínico de fase II
Phase III clinical study	Ensaio clínico de fase III
Phase IV clinical study	Ensaio clínico de fase IV
Phenomenology	Fenomenologia
Physical activity	Atividade física
Physical environment	Ambiente físico
Pilot study	Estudo piloto
Placebo	Placebo
Placebo effect	Efeito placebo
Placebo-controlled	Controlado por placebo
Platform trial	Plataforma de ensaio
Polychoric correlation	Correlação policórica

INGLÊS	PORTUGUÊS
Polytomous	Politómica / politômica
Pooled analysis	Análise agrupada
Positive predictive value (PPV)	Valor preditivo positivo
Posterior probability	Probabilidade a posteriori
Post-hoc comparison	Comparação *post-hoc*
Post-test	Pós-teste
Power	Potência
Precision	Precisão
Predictive validity	Validade preditiva
Preference	Preferência
Preference weight	Peso da preferência
Preference-based measures	Medidas baseadas em preferências
Preferences for care	Preferências por cuidados
Prevalence	Prevalência
Prevalence study	Estudo de prevalência
Prevalent cases	Casos prevalentes
Prevention	Prevenção
Primary cancer	Cancro / câncer primário
Primary care provider	Prestador de cuidados de saúde primários
Primary health care	Cuidados de saúde primários
Probability	Probabilidade
Profile	Perfil
Propensity scores	Pontuação / escore de propensão
Proportional mortality	Mortalidade proporcional
Prospective	Prospectivo
Psychometrics	Psicometria
Public health	Saúde pública
Purposive sampling	Amostragem por julgamento
P-value	Valor de p
Qualitative evaluation	Avaliação qualitativa
Qualitative research	Investigação qualitativa
Quality adjusted life years	Anos de vida ajustados pela incapacidade
Quality measure	Medidas de qualidade
Quality of care	Qualidade dos cuidados
Quality of care at end of life	Qualidade dos cuidados de fim de vida
Quality of death	Qualidade da morte
Quality of dying	Qualidade do processo de morte
Quality of dying and death	Qualidade do processo de morrer e da morte
Quality of life (QoL)	Qualidade de vida (QV)
Quality of life at the end of life	Qualidade de vida no fim de vida
Quality of life in animals (QoL-A)	Qualidade de vida em animais (QV-A)
Questionnaire	Questionário
Randomization	Aleatorização
Randomized clinical (controlled) trial	Ensaio clínico randomizado (controlado)

INGLÊS	PORTUGUÊS
Rare disease assumption	Hipótese de doença rara
Rasch analysis	Análise de Rasch
Rasch measurement theory	Teoria da medição de Rasch
Rasch model	Modelo de Rasch
Rate	Taxa
Rating scale	Escala de classificação
Ratio	Razão
Recall bias	Viés por memória
Receiver operating characteristics curve	Curva de característica de operação do recetor
Recovery	Recuperação
Recovery (mental health)	Recuperação (saúde mental)
Recovery (post-operative)	Recuperação pós-operatória
Reflective construct	Constructo reflexivo
Regression coefficient (β)	Coeficiente de regressão (β)
Rehabilitation	Reabilitação
Relative effectiveness	Efetividade relativa
Relative risk	Risco relativo
Reliability	Fiabilidade / confiabilidade
Reserve	Reserva
Resilience	Resiliência
Responder status	Estado do respondente
Response shift	Mudança de resposta
Responsiveness	Poder de resposta
Retrospective	Retrospetivo
Risk factor	Fator de risco
Scale	Escala
Scoping review	Revisão do âmbito
Screening	Rastreio
Second life	Segunda vida
Self-efficacy	Autoeficácia
Self-management	Autogestão
Self-rated health	Autoavaliação de saúde
Sensitivity	Sensibilidade
Sensitivity analysis	Análise de sensibilidade
Sex	Sexo
Sign	Sinal
Single item measure	Medidas de 1 item
Single subject (case) design	Desenho de participante (caso) único
Snowball sampling	Amostragem por bola de neve
Social desirability bias	Viés por conveniência social
Social determinants of health	Determinantes sociais da saúde
Social environment	Ambiente social
Social epidemiology	Epidemiologia social
Social function	Função social

INGLÊS	PORTUGUÊS
Social gradient in health	Gradiente social em saúde
Social integrated communities	Comunidades socialmente integradas
Social integration	Integração social
Social participation	Participação social
Social support	Apoio social
Sorrow	Mágoa
Specificity	Especificidade
Standard deviation	Desvio padrão
Standard error	Erro padrão
Standard error of measurement (SEM)	Erro padrão da medição
Standard gamble	Jogo padrão
Standardized response mean	Resposta média padrão
Statistically significant	Estatisticamente significativa
Stepped wedge	Escalonamento
Structural equation modeling (SEM)	Modelos de equações estruturais
Structural validity	Validade estrutural
Structured review	Revisão estruturada
Subscale	Subescala
Superiority study or trial	Ensaio clínico de superioridade
Survivor	Sobrevivente
Survivorship care	Cuidados de sobrevivência
Survivorship research	Investigação da sobrevivência
Symptom	Sintoma
Syndrome	Síndrome
Synthesis	Síntese
Systematic review	Revisão sistemática
Telecare	Telecuidados
Telehealth	Telessaúde
Telemedicine	Telemedicina
Test-retest reliability	Fiabilidade / confiabilidade teste-reteste
Then-test	Teste then
Theory	Teoria
Time-trade-off (TTO)	Equivalência em tempo
Tool	Ferramenta
Transdisciplinarity	Transdisciplinaridade
Transformative learning	Aprendizagem transformadora
Translatability assessment	Avaliação da possibilidade de tradução
Treatment benefit	Benefício do tratamento
Type I error	Erro de tipo I
Type II error	Erro de tipo II
Universal coverage	Cobertura universal
Utility	Utilidade
Utility scale	Escala de utilidade
Utility theory	Teoria da utilidade

INGLÊS	PORTUGUÊS
Validity	Validade
Valuation	Valoração
Value	Valor
Value scale	Escala de valor
Verbal rating scale	Escala de classificação verbal
Visual analog scale	Escala visual analógica
Web-based intervention	Intervenção baseada na web
Weight-related quality of life	Qualidade de vida relacionada com o peso
Well-being	Bem-estar geral
Wellness	Bem-estar
Willingness-to-pay	Disponibilidade para pagar
Wilson-Cleary model	Modelo de Wilson-Cleary
World Health Organization (WHO)	Organização Mundial de Saúde (OMS)
Yea-saying	Fortemente concordante
Z-score	Pontuação / escore z

ÍNDICE PORTUGUÊS - INGLÊS

PORTUGUÊS	INGLÊS
Apoio instrumental	Instrumental support
Apoio social	Social support
Aprendizagem transformadora	Transformative learning
Área sob a curva	Area under the curve
Arrependimento com a decisão	Decision-related regret
Atitude	Attitude
Atividade	Activity
Atividade física	Physical activity
Atividades da vida diária	Activities of daily living
Atividades da vida diária instrumentais	Instrumental activities of daily living (IADL)
Atributo	Attribute
Atrito	Attrition
Auditoria	Audit
Autoavaliação de saúde	Self-rated health
Autoeficácia	Self-efficacy
Autogestão	Self-management
Autonomia	Autonomy
Avaliação	Evaluation
Avaliação da possibilidade de tradução	Translatability assessment
Avaliação de necessidades	Needs assessment
Avaliação de resultados / desfechos clínicos	Clinical outcome assessment
Avaliação do impacto na saúde	Health impact assessment
Avaliação qualitativa	Qualitative evaluation
Avatar	Avatar
Barreira	Barrier
Baseado em âncora	Anchor-based
Baseado na distribuição	Distribution-based
Baseado na evidência	Evidence-based
Bases de dados administrativas	Administrative databases
Bateria	Battery
Bem-estar	Wellness
Bem-estar emocional	Emotional well-being
Bem-estar geral	Well-being
Benefício do tratamento	Treatment benefit
Boa aplicação ética do conhecimento	Ethically sound application of knowledge
Bootstrap	Bootstrap
Cancro primário	Primary cancer
Câncer primário	Primary cancer
Capacidade	Capacity
Capacidade de exercício	Exercise capacity
Carga da doença	Burden of disease
Carga da prestação de cuidados	Burden of care
Casos prevalentes	Prevalent cases
Catalisador	Catalyst

PORTUGUÊS	INGLÊS
Causa necessária	Cause (necessary)
Causa suficiente	Cause (sufficient)
Censurado	Censored
Chances	Odds
Classificação internacional de funcionalidade, incapacidade e saúde (CIF)	International classification, functioning, disability, and health
Clinimetria	Clinimetrics
Cobertura universal	Universal coverage
Coeficiente beta (β)	Beta coefficient (β)
Coeficiente de correlação	Correlation coefficient
Coeficiente de correlação intraclasse	Intraclass correlation coefficient
Coeficiente de regressão (β)	Regression coefficient (β)
Coeficiente gama	Gamma
Comorbidade	Comorbidity
Comparação *post-hoc*	*Post-hoc* comparison
Competências de vida	Life skills
Comportamento de saúde	Health behavior
Compósito	Composite
Comunidades socialmente integradas	Social integrated communities
Conceito	Concept
Concordância	Concordance
Concordância bruta	Crude agreement
Confiabilidade	Reliability
Confiabilidade interobservadores	Inter-rater reliability
Confiabilidade teste-reteste	Test-retest reliability
Conformidade	Compliance
Confundimento	Confounding
Consentimento informado	Informed consent
Consistência interna	Internal consistency
Consistência intraobservador	Intra-rater consistency
CONSORT	CONSORT
Constructo	Construct
Constructo formativo	Formative construct
Constructo reflexivo	Reflective construct
Constructos latentes	Latent constructs
Conteúdo	Content
Continuidade de cuidados	Continuity of care
Controlado por placebo	Placebo-controlled
Coorte concorrente	Concurrent cohort
Coorte de início	Inception cohort
Correlação policórica	Polychoric correlation
Critério de informação de Akaike	Akaike's information criteria
Critério de informação de Bayes	Bayesian information criterion
Cuidado de saúde centrado no paciente	Patient-centered care

PORTUGUÊS	INGLÊS
Cuidador	Caregiver
Cuidadores familiares	Family caregivers
Cuidados de saúde primários	Primary health care
Cuidados de sobrevivência	Survivorship care
Cuidados integrados	Integrated care
Cuidados paliativos	Palliative care
Cumprimento da medicação	Medication compliance
Curva de característica de operação do recetor	Receiver operating characteristics curve
Custo marginal	Margin
Custos de oportunidade	Opportunity costs
Custos diretos	Direct costs
Custos incrementais	Incremental costs
Custos indiretos	Indirect costs
Custos intangíveis	Intangible costs
Dados	Data
Dados omissos	Missing data
Dados omissos ignoráveis	Ignorable missing data
Deficiência	Impairment
Desempenho	Performance
Desenho adaptativo	Adaptive designs
Desenho controlado aleatorizado de coorte múltipla	Cohort multiple randomized controlled design
Desenho cruzado	Cross-over design
Desenho de participante (caso) único	Single subject (case) design
Desfecho	Outcome
Desfecho centrado no paciente	Patient-centered outcomes
Desfecho de medidas de desempenho (PerfRO ou PerfO)	Performance rated outcome (PerfRO or PerfO)
Desfecho em saúde	Health outcome
Desfecho intermédio de saúde	Intermediate health outcome
Desfecho reportado pelo paciente (PRO)	Patient-reported outcomes (PROS)
Desfecho reportado pelos clínicos (ClinRO ou CRO)	Clinician-reported outcome (ClinRO or CRO)
Desfecho reportado por observador (ObsRO)	Observer reported outcome (ObsRO)
Desvantagem	Handicap
Desvio padrão	Standard deviation
Determinantes sociais da saúde	Social determinants of health
Díada	Dyad
Diferença clinicamente importante (DCI)	Clinically important difference
Diretiva antecipada de vontade	Advanced directives
Discordante	Discordant
Disfunção	Dysfunction
Disponibilidade para pagar	Willingness-to-pay
Disseminação	Dissemination

PORTUGUÊS	INGLÊS
Diversidade	Diversity
Doenças mentais ou distúrbios da saúde mental	Mental illnesses or mental health disorders
Domínio	Domain
Educação para a saúde	Health education
Efeito chão e efeito teto	Floor and ceiling effects
Efeito placebo	Placebo effect
Efeitos tardios	Late effects
Efetividade	Effectiveness
Efetividade relativa	Relative effectiveness
Eficácia	Efficacy
Eficiência	Efficiency
Eliminação completa de casos devido a não-respostas parciais	List wise deletion
Empoderamento	Empowerment
Endpoint	Endpoint
Enquadramento conceitual	Conceptual framework
Ensaio aleatorizado por agrupamentos	Cluster randomized trial
Ensaio clínico de fase I	Phase I clinical study
Ensaio clínico de fase II	Phase II clinical study
Ensaio clínico de fase III	Phase III clinical study
Ensaio clínico de fase IV	Phase IV clinical study
Ensaio clínico de não-inferioridade	Non-inferiority trial
Ensaio clínico de superioridade	Superiority study or trial
Ensaio clínico randomizado (controlado)	Randomized clinical (controlled) trial
Entrevista assistida por computador	Computer assisted interview
Entrevistas cognitivas	Cognitive debriefing/cognitive interviewing
Envolvimento do paciente	Patient engagement
Epidemiologia	Epidemiology
Epidemiologia social	Social epidemiology
Equidade	Equity
Equidade em saúde	Equity in health
Equivalência em tempo	Time-trade-off (TTO)
Erro alfa	Alpha error
Erro beta	Beta error
Erro de medição	Measurement error
Erro de tipo I	Type I error
Erro de tipo II	Type II error
Erro padrão	Standard error
Erro padrão da medição	Standard error of measurement (SEM)
E-saúde	E-health
Escala	Scale
Escala de classificação	Rating scale
Escala de classificação numérica	Numerical rating scale
Escala de classificação verbal	Verbal rating scale

PORTUGUÊS	INGLÊS
Escala de medição	Measurement scale
Escala de utilidade	Utility scale
Escala de valor	Value scale
Escala intervalar	Interval scale
Escala visual analógica	Visual analog scale
Escalonamento	Stepped wedge
Escalonamento de Guttman	Guttman scaling
Escolha forçada	Forced-choice
Escore de propensão	Propensity scores
Escore z	Z-score
Especificidade	Specificity
Esperança de saúde	Health expectancy
Estado de canto	Corner-state
Estado de saúde	Health status / health state
Estado do respondente	Responder status
Estatística Bayesiana	Bayesian statistic
Estatisticamente significativa	Statistically significant
Estimador de Kaplan-Meier	Kaplan-Meier estimate
Estruturas do corpo	Body structure
Estudo clínico	Clinical trial
Estudo de caso	Case study
Estudo de caso cruzado	Case-crossover study
Estudo de caso único	Case-only study
Estudo de caso-controle	Case-control study
Estudo de caso-controle encaixado	Nested case control study
Estudo de caso-coorte	Case-cohort study
Estudo de coorte	Cohort study
Estudo de desmantelamento	Dismantling study
Estudo de prevalência	Prevalence study
Estudo em painel	Panel study
Estudo longitudinal	Longitudinal study
Estudo piloto	Pilot study
Estudo transversal	Cross sectional study
Etiologia	Aetiology / etiology
Etnicidade	Ethnicity
Etnografia	Ethnography
Eudaimónia / eudaimônia	Eudaimonia
Evidência	Evidence
Exacerbações	Exacerbations
Exatidão	Accuracy
Exercício físico	Exercise
Extroversão	Extraversion
Fadiga	Fatigue
Falácia ecológica	Ecological fallacy

PORTUGUÊS	INGLÊS
Fator ambiental	Environmental factor
Fator de risco	Risk factor
Fator necessário	Necessary
Fatores de contexto	Context / contextual factors
Felicidade	Happiness
Fenomenologia	Phenomenology
Ferramenta	Tool
Fiabilidade	Reliability
Fiabilidade interobservadores	Inter-rater reliability
Fiabilidade teste-reteste	Test-retest reliability
Fidelidade	Fidelity
Fluxo	Flow
Fluxo de cuidados integrados	Integrated care pathway
Forma física	Fitness
Fortemente concordante	Yea-saying
Fortemente discordante	Nay-sayer
Fragilidade	Frailty
Função	Function
Função social	Social function
Funcionamento diferencial de itens	Differential item functioning (DIF)
Funções do corpo	Body function
Generalização	Generalizability
Género / gênero	Gender
Gestão de caso	Case management
Gradiente social em saúde	Social gradient in health
Grupo focal	Focus group
Hierarquia de evidência	Hierarchy of evidence
Hipótese confirmatória	Confirmatory hypothesis
Hipótese de doença rara	Rare disease assumption
Hipótese explicativa	Explanatory hypothesis
Hipótese exploratória	Exploratory hypothesis
Hospital promotor de saúde	Health promoting hospital
Idadismo	Ageism
Identidade de género / gênero	Gender identity
Imputação	Imputation
Imputação múltipla	Multiple imputation
Incapacidade	Disability
Incidência	Incidence
Indicador causal	Causal indicator
Indicador de efeito	Effect indicator
Indicador de saúde	Health indicator
Índice	Index
Índice de comorbidade	Comorbidity index
Índice de massa corporal (IMC)	Body mass index (BMI)

PORTUGUÊS	INGLÊS
Informações de apoio	Informational support
Iniquidades em saúde	Health inequities
Inquérito narrativo	Narrative inquiry
Instituto de Medicina	Institute of Medicine
Instrumento	Instrument (tool)
Integração social	Social integration
Intenção de tratar	Intention-to-treat (ITT)
Interpretabilidade	Interpretability
Intervalo de confiança	Confidence interval
Intervenção baseada na web	Web-based intervention
Investigação da sobrevivência	Survivorship research
Investigação de efetividade comparada	Comparative effectiveness research (CER)
Investigação em resultados / desfechos centrados no paciente	Patient-centered outcomes research
Investigação em serviços de saúde	Health services research
Investigação participativa	Participatory research
Investigação qualitativa	Qualitative research
Item	Item
Item de Likert e escala de Likert	Likert item and Likert scale
Jackknife	Jackknife
Jogo padrão	Standard gamble
K	Kappa
Lazer	Leisure
Limitações de atividade	Activity limitation
Lista de verificação	Checklist
Literacia em saúde	Health literacy
Literamento em saúde	Health literacy
Luto	Grief
Mágoa	Sorrow
Mapa conceitual	Concept mapping
Marcação	Bookmarking
Marcador	Marker
Medição	Measurement
Medicina baseada na evidência	Evidence-based medicine
Medicina individualizada	Individualized medicine
Medicina personalizada	Personalized medicine
Medida	Measure
Medidas baseadas em preferências	Preference-based measures
Medidas da experiência relatadas pelo paciente (PREM)	Patient reported experience measures (PREMs)
Medidas de 1 item	Single item measure
Medidas de qualidade	Quality measure
Medidas específicas da doença	Disease-specific measure
Medidas específicas de condição	Condition specific measures

PORTUGUÊS	INGLÊS
Medidas individualizadas de qualidade de vida	Individualized (quality of life) measures
Menor mudança detectável	Minimal detectable change (MDC)
Meta em saúde	Health target
Meta-análise	Meta-analysis
Método *cold deck*	Cold deck
Método de Delfos	Delphi method
Método de escolha discreta	Discrete choice experiment
Método de grupos conhecidos	Known groups method
Método *hot deck*	Hot deck
Método por captura-recaptura	Capture-recapture method
Metodologia de história de vida	Life history methodology
Métodos mistos	Mixed methods
Métodos não-paramétricos	Non-parametric methods
Métodos psicométricos modernos	Modern psychometric methods
Mínima diferença clinicamente importante	Minimal clinically important difference (MCID)
Minimização de custos	Cost-minimization
Mobilidade no espaço quotidiano	Life-space mobility
Modelo	Model
Modelo conceitual	Conceptual model
Modelo de cinco fatores de personalidade	Five factor model of personality
Modelo de cuidados crónicos / crônicos (modelo de doença crónica / crônica)	Chronic care model (chronic disease model)
Modelo de Rasch	Rasch model
Modelo de Wilson-Cleary	Wilson-Cleary model
Modelos de equações estruturais	Structural equation modeling (SEM)
Modificação do efeito	Effect modification
Morbidade	Morbidity
Mortalidade proporcional	Proportional mortality
Motivação	Motivation
Mudança	Change
Mudança de resposta	Response shift
Não linear	Non-linear
Narrativa	Narrative
Necessidades	Needs
Neuroticismo	Neuroticism
Níveis de evidência	Levels of evidence
Normas de orientação clínica	Clinical practice guidelines
Número necessário para produzir danos	Number needed to harm
Número necessário para tratar	Number needed to treat (NNT)
Ocultação	Blinding
Ontologia	Ontology
Ordinal	Ordinal
Organização Mundial de Saúde (OMS)	World Health Organization (WHO)
Papéis de género / gênero	Gender roles

PORTUGUÊS	INGLÊS
Paradoxo da incapacidade	Disability paradox
Participação	Participation
Participação social	Social participation
Percepção de saúde	Health perception
Perda	Bereavement
Perfil	Profile
Perspectiva de género / gênero	Gender perspective
Peso da preferência	Preference weight
Pesos dos fatores	Factor loadings
Placebo	Placebo
Plano de cuidados	Care plan
Plataforma de ensaio	Platform trial
Poder de resposta	Responsiveness
Politómica / politômica	Polytomous
Pontuação de propensão	Propensity scores
Pontuação z	Z-score
Pós-teste	Post-test
Potência	Power
Prática baseada na evidência	Evidence-based practice
Precisão	Precision
Preferência	Preference
Preferências por cuidados	Preferences for care
Prestador de cuidados de saúde primários	Primary care provider
Prevalência	Prevalence
Prevenção	Prevention
Prevenção da doença	Disease prevention
Probabilidade	Probability
Probabilidade a posteriori	Posterior probability
Processo de grupo nominal	Nominal group process
Programa de cuidados	Care pathway
Promoção da saúde	Health promotion
Prospectivo	Prospective
Psicometria	Psychometrics
Quadro de referência	Frame of reference
Qualidade da morte	Quality of death
Qualidade de vida (QV)	Quality of life (QoL)
Qualidade de vida em animais (QV-A)	Quality of life in animals (QoL-A)
Qualidade de vida no fim de vida	Quality of life at the end of life
Qualidade de vida relacionada com a saúde (QVRS)	Health related quality of life (HRQL)
Qualidade de vida relacionada com a saúde em animais (QVRS-A)	Health related quality of life in animals (HRQL-A)
Qualidade de vida relacionada com o peso	Weight-related quality of life
Qualidade do processo de morrer e da morte	Quality of dying and death

PORTUGUÊS	INGLÊS
Qualidade do processo de morte	Quality of dying
Qualidade dos cuidados	Quality of care
Qualidade dos cuidados de fim de vida	Quality of care at end of life
Questionário	Questionnaire
Quimioprofilaxia	Chemoprevention
Rastreio	Screening
Razão	Ratio
Razão de chances	Odds ratio
Razão de risco	Hazard ratio
Razão de risco proporcional de Cox	Cox's proportional hazard ratio
Reabilitação	Rehabilitation
Recuperação	Recovery
Recuperação (saúde mental)	Recovery (mental health)
Recuperação pós-operatória	Recovery (post-operative)
Rede social	Network (social network)
Regressão de todos os subconjuntos possíveis	All subsets regression
Reserva	Reserve
Reserva cognitiva	Cognitive reserve
Residente na comunidade	Community-dwelling
Resiliência	Resilience
Resposta média padrão	Standardized response mean
Restrição de participação	Participation restriction
Resultado	Outcome
Resultado centrado no paciente	Patient-centered outcomes
Resultado de medidas de desempenho (PerfRO ou PerfO)	Performance rated outcome (PerfRO or PerfO)
Resultado em saúde	Health outcome
Resultado intermédio de saúde	Intermediate health outcome
Resultado reportado pelo paciente (PRO)	Patient-reported outcomes (PROs)
Resultado reportado pelos clínicos (ClinRO ou CRO)	Clinician-reported outcome (ClinRO or CRO)
Resultado reportado por observador (ObsRO)	Observer reported outcome (ObsRO)
Retrospectivo	Retrospective
Retroversão	Back translation
Reunião de balanço	Debriefing
Revisão Cochrane	Cochrane review
Revisão de narrativas	Narrative reviews
Revisão do âmbito	Scoping review
Revisão estruturada	Structured review
Revisão sistemática	Systematic review
Risco relativo	Relative risk
Saturação dos dados	Data saturation
Saúde	Health
Saúde mental	Mental health

PORTUGUÊS	INGLÊS
Saúde pública	Public health
Saúde pública ecológica	Ecological public health
Segunda vida	Second life
Segurança e qualidade do medicamento	Drug safety and quality
Sensibilidade	Sensitivity
Sexo	Sex
Sinal	Sign
Síndrome	Syndrome
Síntese	Synthesis
Sintoma	Symptom
Sistema de classificação de estados de saúde	Health state classification system
Sobrevivente	Survivor
Subescala	Subscale
Tamanho do efeito	Effect size
Taxa	Rate
Taxa de letalidade	Case fatality rate
Tecnologia de apoio	Assistive technology
Telecuidados	Telecare
Telemedicina	Telemedicine
Telessaúde	Telehealth
Teorema do limite central	Central limit theorem (CLT)
Teoria	Theory
Teoria clássica dos testes	Classical test theory
Teoria da medição	Measurement theory
Teoria da medição de Rasch	Rasch measurement theory
Teoria da utilidade	Utility theory
Teoria de resposta ao item	Item response theory (IRT)
Teoria fundamentada	Grounded theory
Teoria implícita de mudança	Implicit theory of change (ITC)
Terapia ocupacional	Occupational therapy
Testamento vital	Advanced directives
Teste adaptativo	Adaptive test
Teste adaptativo em computador	Computer adaptive testing (CAT)
Teste adaptativo em papel	Paper adaptive test
Teste then	Then-test
Teste U de Mann-Whitney	Mann-Whitney U test
Tradução	Forward translation
Tradução de conhecimento	Knowledge translation
Transdisciplinaridade	Transdisciplinarity
Troca de conhecimento	Exchange
Utilidade	Utility
Validade	Validity
Validade concorrente	Concurrent validity
Validade convergente	Convergent validity

PORTUGUÊS	INGLÊS
Validade cultural	Cultural validity
Validade de constructo	Construct validity
Validade de conteúdo	Content validity
Validade de critério	Criterion validity
Validade discriminante	Discriminant validity
Validade divergente	Divergent validity
Validade ecológica	Ecological validity
Validade estrutural	Structural validity
Validade externa	External validity
Validade facial	Face validity
Validade intercultural	Cross-cultural validity
Validade longitudinal	Longitudinal validity
Validade preditiva	Predictive validity
Valor	Value
Valor de p	P-value
Valor preditivo positivo	Positive predictive value (PPV)
Valoração	Valuation
Variável causal	Causal variable
Variável indicador	Indicator variable
Variável intermédia	Intermediate variable
Variável latente	Latent variable
Variável manifesta	Manifest variable
Viabilidade	Feasibility
Viés	Bias
Viés por aquiescência ou por cortesia	Acquiescence bias/obsequiousness bias
Viés por aversão aos extremos	End-aversion bias
Viés por conveniência social	Social desirability bias
Viés por memória	Recall bias
Vitalidade emocional	Emotional vitality